农业国家与行业标准概要

（2010）

农业部农产品质量安全监管局
农业部科技发展中心　编

中国农业出版社

前　言

农业标准是发展现代农业、保障农产品质量安全、促进农产品国际贸易的重要基础。《农产品质量安全发展"十二五"规划》明确提出"建立健全以农兽药残留限量标准为重点、品质规格标准相配套、生产规范规程为基础的农产品质量安全标准体系。"

近年来，农业部不断加大农业标准制定和修订工作力度。截至 2010 年底，农业部共组织制定、修订农业国家标准及行业标准 3 577 项，在引导农兽药等投入品使用，保护产地环境；规范生产管理，推进标准化生产；服务检验监测，保障执法监管；参与国际标准制定，提高中国话语权等方面发挥了重要作用。

本书收集整理了 2010 年农业部组织制定和批准发布的 306 项农业国家和行业标准。为方便读者查阅，按照 12 个类别进行归类编排，分别为农业综合、种植业、畜牧兽医、渔业、农垦、农牧机械、农村能源、无公害食品、绿色食品、转基因、农业工程、职业技能鉴定。

由于时间仓促，编印过程中难免出现疏漏之处，敬请广大读者批评指正。

编　者

2011 年 8 月

目　　录

1 农业综合

标准号	被代替标准号	标准名称	起草单位	范围
NY/T 1959—2010		农业科学仪器设备分类与代码	中国农业科学院、北京农业信息技术研究中心、中国农业科学院油料作物研究所、科学技术部、中国农业科学院作物科学研究所、中国农业科学院哈尔滨兽医研究所、中国热带农业科学院、中国水产科学研究院、中国农业大学	本标准规定了农业科学仪器设备的术语和定义、分类与编码原则、分类方法编码方法分类与代码。本标准适用于农业行业的科研、教学、质检、管理、评估评价等领域。

2 种植业

2.1 种子种苗

标准号	被代替标准号	标准名称	起草单位	范 围
NY/T 1843—2010		葡萄无病毒母本树和苗木	中国农业科学院果树研究所、农业部果品及苗木质量监督检验测试中心（兴城）	本标准规定了葡萄无病毒母本树和苗木的质量要求、检验规则、检测方法、包装和标识。本标准适用于葡萄无病毒母本树和苗木的繁育及销售。
NY/T 1844—2010		农作物品种审定规范 食用菌	全国农业技术推广服务中心、中国农业科学院农业资源与农业区划研究所、农业部微生物肥料和食用菌菌种质量监督检验测试中心	本标准规定了食用菌品种审（认）定的依据和标准。本标准适用于栽培食用菌品种国家级、省级审（认）定。
NY/T 1845—2010		食用菌菌种区别性鉴定 拮抗反应	中国农业科学院农业资源与农业区划研究所、农业部微生物肥料和食用菌菌种质量监督检验测试中心	本标准规定了应用拮抗反应进行食用菌菌种区别性鉴定的方法。本标准适用于糙皮侧耳、白黄侧耳、佛州侧耳、杏鲍菇、金顶侧耳、肺形侧耳、白灵菇、黑木耳、毛木耳、茶树菇、金针菇、猴头菇、香菇、灰树花、灵芝、鸡腿菇、滑菇、斑玉蕈等食用菌菌种区别性的鉴定，包括母本种、原种和栽培种。

标准号	被代替标准号	标准名称	起草单位	范　围
NY/T 1846—2010		食用菌菌种检验规程	中国农业科学院农业资源与农业区划研究所、农业部微生物肥料和食用菌菌种质量监督检验测试中心	本标准规定了各类食用菌菌种质量的检验内容和方法以及抽样、判定规则等要求。 本标准适用于各类食用菌各级菌种质量的检验。
NY/T 528—2010	NY/T 528—2002	食用菌菌种生产技术规程	农业部微生物肥料和食用菌菌种质量监督检验测试中心、中国农业科学院农业资源与农业区划研究所、中国农业科学院食用菌工程技术研究中心	本标准规定了食用菌菌种生产的场地，厂房设置和布局、设备设施、使用品种、生产工艺流程、技术要求、标签、标志、包装、运输和贮存等。 本标准适用于不需要伴生菌的各种各级食用菌菌种生产。

2.2 土壤与肥料

标准号	被代替标准号	标准名称	起草单位	范　围
NY/T 1847—2010		微生物肥料生产菌株质量评价通用技术要求	农业部微生物肥料和食用菌菌种质量监督检验测试中心、中国农业科学院农业资源与农业区划研究所	本标准规定了微生物肥料生产菌株的术语和定义、质量要求、试验方法和评价规则。 本标准适用于微生物肥料生产中使用的菌株。

标准号	被代替标准号	标准名称	起草单位	范　围
NY/T 1848—2010		中性、石灰性土壤铵态氮、有效磷、速效钾的测定　联合浸提—比色法	河南农业大学、全国农业技术推广服务中心	本标准规定了中性、石灰性土壤铵态氮、有效磷、速效钾的联合浸提—比色分析方法。 本标准适用于中性、石灰性土壤铵态氮、有效磷、速效钾进行快速速测定。
NY/T 1849—2010		酸性土壤铵态氮、有效磷、速效钾的测定　联合浸提—比色法	河南农业大学、全国农业技术推广服务中心	本标准规定了酸性土壤铵态氮、有效磷、速效钾的速测用的速测用联合浸提—比色分析方法。 本标准适用于酸性土壤铵态氮、有效磷、速效钾进行快速速测定。
NY/T 1867—2010		土壤腐殖质组成的测定焦磷酸钠—氢氧化钠提取重铬酸钾氧化容量法	全国农业技术推广服务中心、中国农业科学院农业资源与农业区划研究所、中国农业大学资源与环境学院、太原土壤肥料测试中心	本标准规定了焦磷酸钠—氢氧化钠容量法测定土壤腐殖质组成的方法。 本标准适用于各类土壤腐殖质组成的测定。
NY/T 1868—2010		肥料合理使用准则有机肥料	全国农业技术推广服务中心、华中农业大学	本标准规定了有机肥料合理使用的原则和技术。 本标准适用于各种有机肥料。
NY/T 1869—2010		肥料合理使用准则钾肥	全国农业技术推广服务中心、中国农业科学院农业资源与农业区划研究所	本标准规定了钾肥合理使用的原则和技术。 本标准适用于具有钾明量，以提供植物钾养分为主要功效的无机（矿物）钾肥。

标准号	被代替标准号	标准名称	起草单位	范　围
NY/T 1121.22—2010		土壤检测　第 22 部分：土壤田间持水量的测定 环刀法	全国农业技术推广服务中心、农业部肥料质量监督检验测试中心（郑州）、北京市土肥工作站、农业部肥料质量监督检验测试中心（武汉）、农业部肥料质量监督检验测试中心（南宁）、农业部肥料质量监督检验测试中心（沈阳）、农业部肥料质量监督检验测试中心（成都）、太原土肥测试中心、农业部肥料质量监督检验测试中心（合肥）	本部分适用于各类土壤田间持水量的测定。
NY/T 1121.23—2010		土壤检测　第 23 部分：土粒密度的测定	全国农业技术推广服务中心、农业部肥料质量监督检验测试中心（济南）、农业部肥料质量监督检验测试中心（杭州）、农业部肥料质量监督检验测试中心（郑州）、农业部肥料质量监督检验测试中心（石家庄）	NY/T 1121 的本部分规定了土粒密度的测定方法。本部分适用于各类土壤中土粒密度的测定。

（续）

标准号	被代替标准号	标准名称	起草单位	范　围
NY/T 1971—2010		水溶肥料腐殖酸含量的测定	国家化肥质量监督检验中心（北京）	本标准规定了水溶肥料腐殖酸含量测定酸沉定后氧化还原滴定法的试验方法。 本标准适用于液体或固体水溶肥料中腐殖酸含量的测定。
NY/T 1972—2010		水溶肥料钠、硒、硅含量的测定	国家化肥质量监督检验中心（北京）、农业部肥料质量监督检验测试中心（成都）、农业部肥料质量监督检验测试中心（济南）	本标准规定了水溶肥料钠、硒、硅含量测定的试验方法。 本标准适用于液体或固体水溶肥料中钠、硒、硅含量的测定。
NY/T 1973—2010		水溶肥料水不溶物含量和pH的测定	国家化肥质量监督检验中心（北京）	本标准规定了水溶肥料水不溶物含量和pH测定的试验方法。 本标准适用于液体或固体水溶肥料水不溶物含量和pH的测定。
NY/T 1974—2010		水溶肥料铜、铁、锰、锌、硼、钼含量的测定	国家化肥质量监督检验中心（北京）、农业部肥料质量监督检验测试中心（成都）、农业部肥料质量监督检验测试中心（济南）	本标准规定了水溶肥料铜、铁、锰、锌、硼、钼含量测定的试验方法。 本标准适用于液体或固体水溶肥料中铜、铁、锰、锌、硼、钼含量的测定。 本标准附录A规定了液体或固体水溶肥料中铜、铁、锰、锌、硼、钼含量同时测定的试验方法。

（续）

标准号	被代替标准号	标准名称	起草单位	范围
NY/T 1975—2010		水溶肥料游离氨基酸含量的测定	国家化肥质量监督检验中心（北京）	本标准规定了水溶肥料游离氨基酸含量测定的氨基酸自动分析仪法和柱前衍生—液相色谱法的试验方法。本标准适用于液体或固体水溶肥料中游离氨基酸含量的测定。
NY/T 1976—2010		水溶肥料有机质含量的测定	国家化肥质量监督检验中心（北京）、农业部肥料质量监督检验测试中心（杭州）、北京市新型肥料质量监督检验站	本标准规定了水溶肥料有机质含量测定的试验方法。本标准适用于液体或固体水溶肥料中有机质含量的测定。
NY/T 1977—2010		水溶肥料总氮、磷、钾含量的测定	国家化肥质量监督检验中心（北京）	本标准规定了水溶肥料总氮、磷、钾含量测定的试验方法。本标准适用于液体或固体水溶肥料中总氮、磷、钾含量的测定。
NY/T 1978—2010		肥料汞、砷、镉、铅、铬含量的测定	国家化肥质量监督检验中心（北京）、农业部肥料监督检验测试中心（成都）、农业部肥料质量监督检验测试中心（济南）	本标准规定了肥料中汞、砷、镉、铅、铬含量测定的试验方法。本标准适用于液体或固体肥料中汞、砷、镉、铅、铬含量的测定。本标准附录A规定了液体或固体肥料中汞、砷含量同时测定的试验方法，适合于二者浓度差不大于1 000倍的样品。本标准附录B规定了固体肥料中镉、铅、铬含量同时测定的试验方法。

标准号	被代替标准号	标准名称	起草单位	范　围
NY 1979—2010		肥料登记标签技术要求	国家化肥质量监督检验中心（北京）	本标准规定了肥料登记标签内容和标明值判定的技术要求。 本标准适用于中华人民共和国境内登记和销售的肥料和土壤调理剂。 本标准不适用于中华人民共和国境内登记和销售的复混肥料、有机肥料和微生物肥料。
NY 1980—2010		肥料登记急性经口毒性试验及评价要求	国家化肥质量监督检验中心（北京）、中国疾病预防控制中心职业卫生与中毒控制所	本标准规定了肥料登记急性经口毒性试验的要求、技术要求、结果评价及毒性分级。 本标准适用于中华人民共和国境内登记和销售的肥料的急性经口毒性试验。
NY 886—2010	NY 886—2004	农林保水剂	国家化肥质量监督检验中心（北京）、全国农业技术推广服务中心	本标准规定了农林保水剂产品的技术要求、试验方法、检验规则、标识、包装、运输和贮存要求。 本标准适用于生产和销售的合成聚合型、淀粉接枝聚合型、纤维素接枝聚合型等吸水性树脂聚合物产品，用于农林业土壤保水、种子包衣、苗木移栽或施肥料添加剂等。
NY/T 887—2010	NY/T 887—2004	液体肥料密度的测定	国家化肥质量监督检验中心（北京）、农业部肥料质量监督检验测试中心（济南）、农业部肥料质量监督检验中心（成都）	本标准规定了液体肥料密度的测定方法。 本标准所得结果用于液体肥料质量液度的换算，不用作液体肥料物理特性的鉴定。

（续）

标准号	被代替标准号	标准名称	起草单位	范 围
				本标准规定了含腐殖酸水溶肥料（大量元素型）和含腐殖酸水溶肥料（微量元素型）的技术要求、试验方法、检验规则、标识、包装、运输和贮存。
NY 1106—2010	NY 1106—2006	含腐殖酸水溶肥料	国家化肥质量监督检验中心（北京）	本标准适用于中华人民共和国境内生产和销售的、以适合植物生产所需比例的矿物源腐殖酸，添加适量氮、磷、钾大量元素或铜、铁、锰、锌、硼、钼微量元素而制成的液体或固体水溶肥料。
				本标准规定了大量元素水溶肥料（中量元素型）和大量元素水溶肥料（微量元素型）的技术要求、试验方法、检验规则、标识、包装、运输和贮存。
NY 1107—2010	NY 1107—2006	大量元素水溶肥料	国家化肥质量监督检验中心（北京）	本标准适用于中华人民共和国境内生产和销售的、以大量元素氮、磷、钾为主要成分的，添加适量中量元素或微量元素的液体或固体水溶肥料。 本标准不适用于已有强制性国家或行业标准的肥料产品，如复混肥料（复合肥料）以及仅由化学方法制成的固体肥料。

（续）

标准号	被代替标准号	标准名称	起草单位	范围
NY 1110—2010	NY 1110—2006	水溶肥料汞、砷、镉、铅、铬的限量要求	国家化肥质量监督检验中心（北京）	本标准规定了水溶肥料中汞、砷、镉、铅、铬的限量要求、试验方法、检验规则及产品标识。 本标准适用于中华人民共和国境内生产和销售的液体或固体水溶肥料。
NY/T 1117—2010	NY/T 1117—2006	水溶肥料钙、镁、硫、氯含量的测定	国家化肥质量监督检验中心（北京）、农业部肥料质量监督检验测试中心（济南）	本标准规定了水溶肥料中钙、镁、硫、氯含量测定的方法。 本标准适用于液体或固体水溶肥料中钙、镁、硫、氯含量的测定。
NY 1428—2010	NY 1428—2007	微量元素水溶肥料	国家化肥质量监督检验中心（北京）	本标准规定了微量元素水溶肥料的技术要求、试验方法、检验规则、标识、包装、运输和贮存。 本标准适用于中华人民共和国境内生产和销售的，由铜、铁、锰、锌、硼、钼微量元素按所需比例制成单一微量元素或多种微量元素制成的液体或固体水溶肥料。 本标准不适用于已有强制性国家或行业标准的肥料（如硫酸铜、硫酸锌）和螯合态肥料（如EDDHA-Fe）。

· 10 ·

标准号	被代替标准号	标准名称	起草单位	范　围
NY 1429—2010	NY 1429—2007	含氨基酸水溶肥料	国家化肥质量监督检验中心（北京）	本标准规定了含氨基酸水溶肥料（中量元素型）和含氨基酸水溶肥料（微量元素型）的技术要求、试验方法、检验规则、标识、包装、运输和贮存。 本标准适用于中华人民共和国境内生产和销售的，以游离氨基酸为主体的，按适合植物生产所需比例，添加适量钙、镁中量元素或铜、铁、锰、锌、硼、钼微量元素而制成的液体或固体水溶肥料。
NY/T 496—2010	NY/T 496—2002	肥料合理使用准则　通则	全国农业技术推广服务中心	本标准规定了肥料合理使用的通用准则。 本标准适用于各种肥料。

2.3 植保与农药

标准号	被代替标准号	标准名称	起草单位	范　围
GB 25193—2010		食品中百菌清等 12 种农药最大残留限量	无起草单位	本标准规定了食品中百菌清等 12 种农药的最大残留限量。 本标准适用于与限量相关的食品种类。

标准号	被代替标准号	标准名称	起草单位	范　围
NY/T 1850—2010		外来昆虫引入风险评估技术规范	中国农业科学院植物保护研究所	本标准规定了外来昆虫从国外（含境外）引入时进行风险评估的程序和方法。本标准适用于首次从国外（含境外）将外来昆虫引入的单位、个人及其相应的行业管理部门，进行外来昆虫引入时的风险管理决策。外来昆虫为具有生命属性的活体。
NY/T 1851—2010		外来草本植物引入风险评估技术规范	中国农业科学院植物保护研究所	本标准规定了外来草本植物从国外（含境外）引入时进行风险评估的程序和方法。本标准适用于首次从国外（含境外）将外来草本植物引入的单位、个人及其相应的行业管理部门，进行外来草本植物引入时的风险管理决策。外来草本植物包括草本植物活体或具有生命属性的草本植物体。
NY/T 1852—2010		内生集壶菌检疫技术规程	贵州省植保植检站、贵州省毕节地区植保植检站	本标准规定了内生集壶菌［*Synchytrium endobioticum*（Schib.）Percival］检疫技术的术语和定义、产地检疫、调运检疫、实验室检验鉴定、结果判定、标本和记录保存及疫情监测。本标准适用于内生集壶菌检疫。

标准号	被代替标准号	标准名称	起草单位	范　　围
NY/T 1853—2010		除草剂对后茬作物影响试验方法	农业部农药检定所	本标准规定了除草剂对后茬作物影响的室内试验方法和田间试验方法。本标准适用于除草剂对后茬作物（包括套种作物）的药害评价。
NY/T 1854—2010		马铃薯晚疫病测报技术规范	全国农业技术推广服务中心、河北省植保植检站、重庆市农业技术推广总站、内蒙古自治区植保植检站	本标准规定了马铃薯晚疫病发生程度分级、系统调查、大田普查、气象要素观测、预报方法、数据汇总和汇报等内容。本标准适用于马铃薯晚疫病病情调查和预报。
NY/T 1855—2010		西藏飞蝗测报技术规范	全国农业技术推广服务中心、四川省农业厅植物保护站、西藏自治区农业技术推广中心、青海省农业技术推广总站	本标准规定了西藏飞蝗发生程度分级、蝗情调查、资料整理和汇报、测预报方法等内容。本标准适用于西藏飞蝗蝗情调查和预测预报。
NY/T 1856—2010		农区鼠害控制技术规程	全国农业技术推广服务中心	本标准规定了农区（农区和农舍区）鼠害控制指标、控制效果调查方法及控制适期、控制措施及环境控制鼠害技术。本标准适用于其他环境控制鼠害技术的参考。

标准号	被代替标准号	标准名称	起草单位	范围
NY/T 1857.1—2010		黄瓜主要病害抗病性鉴定技术规程 第1部分：黄瓜抗霜霉病鉴定技术规程	中国农业科学院蔬菜花卉研究所	本标准规定了黄瓜抗霜霉病鉴定的术语和定义、接种体制备、鉴定条件及试验设计、接种、病情调查、抗病性评价和鉴定记载表格。本标准适用于各种黄瓜资源对黄瓜霜霉病抗性的室内鉴定及评价。
NY/T 1857.2—2010		黄瓜主要病害抗病性鉴定技术规程 第2部分：黄瓜抗白粉病鉴定技术规程	中国农业科学院蔬菜花卉研究所	本标准规定了黄瓜抗白粉病鉴定的术语和定义、接种体制备、鉴定条件及试验设计、接种、病情调查、抗病性评价和鉴定记载表格。本标准适用于各种黄瓜资源对黄瓜白粉病抗性的室内鉴定及评价。
NY/T 1857.3—2010		黄瓜主要病害抗病性鉴定技术规程 第3部分：黄瓜抗枯萎病鉴定技术规程	中国农业科学院蔬菜花卉研究所	本标准规定了黄瓜抗枯萎病鉴定的术语和定义、接种体制备、鉴定条件及试验设计、接种、病情调查、抗病性评价和鉴定记载表格。本标准适用于各种黄瓜资源对黄瓜枯萎病抗性的室内鉴定及评价。
NY/T 1857.4—2010		黄瓜主要病害抗病性鉴定技术规程 第4部分：黄瓜抗疫病鉴定技术规程	中国农业科学院蔬菜花卉研究所	本标准规定了黄瓜抗疫病鉴定的术语和定义、接种体制备、鉴定条件及试验设计、接种、病情调查、抗病性评价和鉴定记载表格。本标准适用于各种黄瓜资源对黄瓜疫病抗性的室内鉴定及评价。

标准号	被代替标准号	标准名称	起草单位	范　围
NY/T 1857.5—2010		黄瓜主要病害抗病性鉴定技术规程　第5部分：黄瓜抗黑星病鉴定技术规程	中国农业科学院蔬菜花卉研究所	本标准规定了黄瓜抗黑星病鉴定的术语和定义、接种体制备、鉴定条件及试验设计、接种、病情调查、抗病性评价和鉴定记载表格。本标准适用于各种黄瓜资源对黄瓜黑星病抗病性的室内鉴定及评价。
NY/T 1857.6—2010		黄瓜主要病害抗病性鉴定技术规程　第6部分：黄瓜抗细菌性角斑病鉴定技术规程	中国农业科学院蔬菜花卉研究所	本标准规定了黄瓜抗细菌性角斑病鉴定的术语和定义、接种体制备、鉴定条件及试验设计、接种、病情调查、抗病性评价和鉴定表格。本标准适用于各种黄瓜细菌性角斑病抗病性的室内鉴定及评价。
NY/T 1857.7—2010		黄瓜主要病害抗病性鉴定技术规程　第7部分：黄瓜抗黄瓜花叶病毒病鉴定技术规程	中国农业科学院蔬菜花卉研究所	本标准规定了黄瓜抗黄瓜花叶病毒病鉴定的术语和定义、接种体制备、病情调查、抗病性评价和鉴定记载表格。本标准适用于各种黄瓜资源对黄瓜花叶病毒病的室内鉴定及评价。
NY/T 1857.8—2010		黄瓜主要病害抗病性鉴定技术规程　第8部分：黄瓜抗南方根结线虫病鉴定技术规程	中国农业科学院蔬菜花卉研究所	本标准规定了黄瓜抗南方根结线虫病鉴定的术语和定义、接种体制备、病情调查、抗病性评价和鉴定记载表格。本标准适用于各种黄瓜资源对南方根结线虫病抗病性的室内鉴定及评价。

标准号	被代替标准号	标准名称	起草单位	范　围
NY/T 1858.1—2010		番茄主要病害抗病性鉴定技术规程　第1部分：番茄抗晚疫病鉴定技术规程	中国农业科学院蔬菜花卉研究所	本标准规定了番茄抗晚疫病鉴定的术语和定义、接种体制备、鉴定条件及试验设计、接种、病情调查、抗病性评价以及鉴定记载表格。本标准适用于栽培番茄自交系、杂交种、群体、开放授粉品种以及野生番茄和番茄近缘种对番茄晚疫病抗性的室内苗期鉴定和评价。
NY/T 1858.2—2010		番茄主要病害抗病性鉴定技术规程　第2部分：番茄抗叶霉病鉴定技术规程	中国农业科学院蔬菜花卉研究所	本标准规定了番茄抗叶霉病鉴定的术语和定义、接种体制备、鉴定条件及试验设计、接种、病情调查、抗病性评价以及鉴定记载表格。本标准适用于栽培番茄自交系、杂交种、群体、开放授粉品种以及野生番茄和番茄近缘种对番茄叶霉病抗性的室内苗期鉴定和评价。
NY/T 1858.3—2010		番茄主要病害抗病性鉴定技术规程　第3部分：番茄抗枯萎病鉴定技术规程	中国农业科学院蔬菜花卉研究所	本标准规定了番茄抗枯萎病鉴定的术语和定义、接种体制备、鉴定条件及试验设计、接种、病情调查、抗病性评价以及鉴定记载表格。本标准适用于栽培番茄自交系、杂交种、群体、开放授粉品种以及野生番茄和番茄近缘种对番茄枯萎病抗性的室内苗期鉴定和评价。

标准号	被代替标准号	标准名称	起草单位	范　围
NY/T 1858.4—2010		番茄主要病害抗病性鉴定技术规程　第 4 部分：番茄抗青枯病鉴定技术规程	中国农业科学院蔬菜花卉研究所	本标准规定了番茄抗青枯病鉴定的术语和定义、接种体制备、鉴定条件及试验设计、接种、病情调查、抗病性评价以及鉴定记载表格。本标准适用于栽培番茄自交系、杂交种、群体、开放授粉品种以及野生番茄和番茄近缘种对番茄青枯病抗性的室内苗期鉴定和评价。
NY/T 1858.5—2010		番茄主要病害抗病性鉴定技术规程　第 5 部分：番茄抗疮痂病鉴定技术规程	中国农业科学院蔬菜花卉研究所	本标准规定了番茄抗疮痂病鉴定的术语和定义、接种体制备、鉴定条件及试验设计、接种、病情调查、抗病性评价以及鉴定记载表格。本标准适用于栽培番茄自交系、杂交种、群体、开放授粉品种以及野生番茄和番茄近缘种对番茄疮痂病抗性的室内苗期鉴定和评价。
NY/T 1858.6—2010		番茄主要病害抗病性鉴定技术规程　第 6 部分：番茄抗番茄花叶病毒病鉴定技术规程	中国农业科学院蔬菜花卉研究所	本标准规定了番茄抗番茄花叶病毒病鉴定的术语和定义、接种体制备、病情调查、抗病性评价以及鉴定记载表格。本标准适用于栽培番茄自交系、杂交种、群体、开放授粉品种以及野生番茄和番茄近缘种对番茄花叶病毒病抗性的室内苗期鉴定和评价。

标准号	被代替标准号	标准名称	起草单位	范　围
NY/T 1858.7—2010		番茄主要病害抗病性鉴定技术规程　第7部分：番茄抗黄瓜花叶病毒病鉴定技术规程	中国农业科学院蔬菜花卉研究所	本标准规定了番茄抗黄瓜花叶病毒病鉴定的术语和定义、接种体制备、病情调查、抗病性评价以及鉴定记载表格。本标准适用于栽培番茄自交系、杂交种、群体、开放授粉品种以及野生番茄和番茄近缘种对黄瓜花叶病毒病抗性的室内苗期鉴定和评价。
NY/T 1858.8—2010		番茄主要病害抗病性鉴定技术规程　第8部分：番茄抗南方根结线虫病鉴定技术规程	中国农业科学院蔬菜花卉研究所	本标准规定了番茄抗南方根结线虫病鉴定的术语和定义、接种体制备、病情调查、抗病性评价以及鉴定记载表格。本标准适用于栽培番茄自交系、杂交种、群体、开放授粉品种以及野生番茄和番茄近缘种对南方根结线虫病抗性的室内苗期鉴定和评价。
NY/T 1859.1—2010		农药抗性风险评估　第1部分：总则	农业部农药检定所、中国农业大学	本部分规定了农药登记用抗性风险评估的原则和要求。本部分适用于病、虫、草、鼠等有害生物对农药的抗药性抗性风险评估。

标准号	被代替标准号	标准名称	起草单位	范　围
NY/T 1464.27—2010		农药田间药效试验准则 第 27 部分：杀虫剂防治 十字花科蔬菜蚜虫	农业部农药检定所	本部分规定了杀虫剂防治十字花科蔬菜蚜虫（包括桃蚜、萝卜蚜、甘蓝蚜等）田间药效小区试验的方法和基本要求。 本部分适用于杀虫剂喷雾防治十字花科蔬菜蚜虫的登记用田间药效试验及效果评价。其他防治蚜虫的田间药效试验可参照使用。
NY/T 1464.28—2010		农药田间药效试验准则 第 28 部分：杀虫剂防治 阔叶树天牛	农业部农药检定所	本部分规定了杀虫剂防治阔叶树天牛（包括天牛科桑天牛、光肩星天牛、云斑天牛、锈色粒肩天牛等）田间药效试验的方法和基本要求。 本部分适用于杀虫剂防治阔叶树天牛的登记用田间药效小区试验及药效评价。防治天牛科其他害虫的田间药效试验可参照使用。
NY/T 1464.29—2010		农药田间药效试验准则 第 29 部分：杀虫剂防治 松褐天牛	农业部农药检定所	本部分规定了杀虫剂防治松褐天牛（又称松墨天牛、松天牛）田间药效小区试验的方法和基本要求。 本部分适用于杀虫剂防治松褐天牛的登记用田间药效小区试验及药效评价。松树其他蛀干害虫的田间药效试验可参照使用。

（续）

标准号	被代替标准号	标准名称	起草单位	范围
NY/T 1464.30—2010		农药田间药效试验准则 第 30 部分：杀菌剂防治烟草角斑病	农业部农药检定所	本部分规定了杀菌剂防治烟草角斑病田间药效小区试验的方法和要求。本部分适用于杀菌剂防治烟草角斑病登记用田间药效小区试验及评价，其他田间药效试验可参照使用。
NY/T 1464.31—2010		农药田间药效试验准则 第 31 部分：杀菌剂防治生姜姜瘟病	农业部农药检定所	本部分规定了杀菌剂防治生姜姜瘟病田间药效小区试验的方法和要求。本部分适用于杀菌剂防治生姜姜瘟病登记用田间药效小区试验及药效评价。其他田间药效试验可参照使用。
NY/T 1464.32—2010		农药田间药效试验准则 第 32 部分：杀菌剂防治番茄青枯病	农业部农药检定所	本部分规定了杀菌剂防治番茄青枯病田间药效小区试验的方法和要求。本部分适用于杀菌剂防治番茄青枯病登记用田间药效小区试验及药效评价。其他田间药效试验可参照使用。
NY/T 1464.33—2010		农药田间药效试验准则 第 33 部分：杀菌剂防治豌豆锈病	农业部农药检定所	本部分规定了杀菌剂防治豌豆锈病田间药效小区试验的方法和要求。本部分适用于杀菌剂防治豌豆锈病登记用田间药效小区试验及评价。其他田间药效试验可参照使用。
NY/T 1464.34—2010		农药田间药效试验准则 第 34 部分：杀菌剂防治茄子黄萎病	农业部农药检定所	本部分规定了杀菌剂防治茄子黄萎病田间药效小区试验的方法和要求。本部分适用于杀菌剂防治茄子黄萎病登记用田间药效小区试验及药效评价。其他田间药效试验可参照使用。

标准号	被代替标准号	标准名称	起草单位	范 围
NY/T 1464.35—2010		农药田间药效试验准则 第 35 部分：除草剂防治直播蔬菜田杂草	农业部农药检定所	本部分规定了除草剂防治直播蔬菜田杂草田间药效小区试验的方法和基本要求。本部分适用于除草剂防治直播蔬菜田杂草的田间药效小区试验及药效评价。其他直播蔬菜田间药效试验可参照使用。
NY/T 1464.36—2010		农药田间药效试验准则 第 36 部分：除草剂防治波萝地杂草	农业部农药检定所	本部分规定了除草剂防治波萝地杂草田间药效小区试验的方法和基本要求。本部分适用于除草剂防治波萝地杂草的田间药效小区试验及药效评价。其他直播蔬菜田间药效试验可参照使用。
NY/T 1860.1—2010		农药理化性质测定试验导则 第 1 部分：pH	农业部农药检定所、河北省农药检定所	本部分规定了测定农药 pH 的试验方法、试验报告编写的基本要求。本部分适用于为申请农药登记而进行的农药原药（含母药）和农药制剂 pH 的测定。
NY/T 1860.2—2010		农药理化性质测定试验导则 第 2 部分：酸（碱）度	农业部农药检定所、河北省农药检定所	本部分规定了农药酸（碱）度测定的试验方法、试验报告编写的基本要求。本部分适用于为申请农药登记而进行的农药酸（碱）度的测定试验。

标准号	被代替标准号	标准名称	起草单位	范　　围
NY/T 1860.3—2010		农药理化性质测定试验导则 第3部分：外观	农业部农药检定所、河北省农药检定所	本部分规定了农药外观的试验方法、试验报告编写的基本要求。 本部分适用于为申请农药登记而进行的农药外观（包括颜色、物理状态和气味）的测定试验。
NY/T 1860.4—2010		农药理化性质测定试验导则 第4部分：原药稳定性	农业部农药检定所、河北省农药检定所	本部分规定了农药原药（含母药）在温度、湿度、光照等条件下为热稳定性和对金属/金属离子的化学稳定性测定的试验方法、结果评价、试验报告编写的基本要求。 本部分适用于为申请农药登记而进行的农药原药热稳定性和对金属/金属离子的化学稳定性试验。
NY/T 1860.5—2010		农药理化性质测定试验导则 第5部分：紫外/可见光吸收	农业部农药检定所、河北省农药检定所	本部分规定了试验方法、测定的农药紫外/可见光吸收的基本要求。 本部分适用于为申请农药登记而进行的农药紫外/可见光吸收测定试验。
NY/T 1860.6—2010		农药理化性质测定试验导则 第6部分：爆炸性	农业部农药检定所、沈阳化工研究院安评中心	本部分规定了化学农药爆炸性试验的试验材料、试验方法、评价标准和试验报告编写的基本要求。 本部分适用于满足化学农药原药或制剂登记管理所需进行的爆炸性试验。

（续）

标准号	被代替标准号	标准名称	起草单位	范围
NY/T 1860.7—2010		农药理化性质测定试验导则 第7部分：水中光解	农业部农药检定所、沈阳化工研究院安评中心	本部分规定了农药水中光解试验的试验基本要求、试验方法、试验报告等基本要求。本部分适用于为申请农药登记而进行的不挥发或微挥发的农药纯品或原药（有效成分含量≥98%）的水中光解试验。
NY/T 1860.8—2010		农药理化性质测定试验导则 第8部分：正辛醇/水分配系数	农业部农药检定所、沈阳化工研究院安评中心	本部分规定了化学农药正辛醇/水分配系数的试验基本要求、试验方法、试验报告等基本要求。本部分适用于为满足化学农药原药或制剂登记管理所需进行的正辛醇/水分配系数试验。
NY/T 1860.9—2010		农药理化性质测定试验导则 第9部分：水解	农业部农药检定所、沈阳化工研究院安评中心	本部分规定了农药水解试验的基本要求、试验方法和试验报告等要求。本部分适用于为申请农药登记而进行的易溶于水、微溶于水、不挥发或弱挥发性农药纯品或原药（有效成分含量≥98%）的水解试验。
NY/T 1860.10—2010		农药理化性质测定试验导则 第10部分：氧化—还原/化学不相容性	农业部农药检定所、沈阳化工研究院安评中心	本部分规定了化学农药氧化—还原/化学不相容性的试验材料、试验方法、试验现象描述和试验报告编写等基本要求。本部分适用于为满足化学农药原药或制剂登记管理所需进行的氧化—还原/化学不相容性试验。

标准号	被代替标准号	标准名称	起草单位	范 围
NY/T 1860.11—2010		农药理化性质测定试验导则 第 11 部分：闪点	农业部农药检定所、北京颖泰嘉和科技股份有限公司、北京颖泰嘉和分析技术有限公司	本部分规定了测定液体农药产品闪点测定的试验方法和试验报告等基本要求。本部分适用于农药登记试验中、液体农药有效成分、原药以及制剂闪点的测定。
NY/T 1860.12—2010		农药理化性质测定试验导则 第 12 部分：燃点	农业部农药检定所、北京颖泰嘉和科技股份有限公司、北京颖泰嘉和分析技术有限公司	本部分规定了采用开口杯法进行液体农药产品燃点测定的试验方法和试验报告等基本要求。本部分适用于农药登记试验中、液体农药有效成分、原药以及制剂燃点的测定。
NY/T 1860.13—2010		农药理化性质测定试验导则 第 13 部分：与非极性有机溶剂混溶性	农业部农药检定所、北京颖泰嘉和科技股份有限公司、北京颖泰嘉和分析技术有限公司	本部分规定了农药产品与非极性有机溶剂混溶性测定的试验方法和试验报告等基本要求。本部分适用于农药登记试验中、可用于超低量喷雾的油剂乳油与非极性有机溶剂混溶性的测定。
NY/T 1860.14—2010		农药理化性质测定试验导则 第 14 部分：饱和蒸气压	农业部农药检定所、北京颖泰嘉和科技股份有限公司、北京颖泰嘉和分析技术有限公司	本部分规定了农药饱和蒸气压测定的试验方法和试验报告等基本要求。本部分适用于农药登记试验中农药有效成分和原药蒸气压的测定。

（续）

标准号	被代替标准号	标准名称	起草单位	范围
NY/T 1860.15—2010		农药理化性质测定试验导则 第15部分：固体可燃性	农业部农药检定所、北京颖泰嘉和科技股份有限公司、北京颖泰嘉和分析技术有限公司	本部分规定了固体农药可燃性测定的试验方法和试验报告等基本要求。本部分适用于农药登记试验中固体农药有效成分、原药和制剂在不改变性状的条件下可燃性的测定。
NY/T 1860.16—2010		农药理化性质测定试验导则 第16部分：对包装材料腐蚀性	农业部农药检定所、北京颖泰嘉和科技股份有限公司、北京颖泰嘉和分析技术有限公司	本部分规定了农药产品对其包装材料腐蚀性测定的试验方法和试验报告等基本要求。本部分适用于农药登记试验中农药纯品、原药以及制剂对包装材料腐蚀性的测定。
NY/T 1860.17—2010		农药理化性质测定试验导则 第17部分：密度	农业部农药检定所、中国农业大学	本部分规定了农药密度测定的试验方法、试验报告编写等基本要求。本部分适用于申请农药登记而进行的农药纯品、原药及制剂密度的测定。
NY/T 1860.18—2010		农药理化性质测定试验导则 第18部分：比旋光度	农业部农药检定所、中国农业大学	本部分规定了农药比旋光度测定的试验方法、试验报告编写等基本要求。本部分适用于作为申请农药登记而进行的具有光学活性的农药原药的测定。
NY/T 1860.19—2010		农药理化性质测定试验导则 第19部分：沸点	农业部农药检定所、中国农业大学	本部分规定了农药沸点测定的试验方法、试验报告编写等基本要求。本部分适用于作为申请农药登记而进行的农药纯品和农药原药沸点的测定。

标准号	被代替标准号	标准名称	起草单位	范　　围
NY/T 1860. 20—2010		农药理化性质测定试验导则　第 20 部分：熔点	农业部农药检定所、中国农业大学	本部分规定了农药熔点测定的试验方法、试验报告编写等基本要求。 本部分适用于申请农药登记而进行的农药纯品和农药原药熔点的测定。
NY/T 1860. 21—2010		农药理化性质测定试验导则　第 21 部分：黏度	农业部农药检定所、中国农业大学	本部分规定了农药黏度测定的试验方法、试验报告编写等基本要求。 本部分适用于申请农药登记而进行的液体原药和农药制剂黏度的测定。
NY/T 1860. 22—2010		农药理化性质测定试验导则　第 22 部分：溶解度	农业部农药检定所、中国农业大学	本部分规定了农药溶解度测定的试验方法、试验报告编写等基本要求。 本部分适用于申请农药登记而进行的非挥发性农药原药的测定。
NY/T 1861—2010		外来草本植物普查技术规程	中国农业科学院农业环境与可持续发展研究所、中国农业大学	本标准规定了外来草本植物普查的程序和方法。 本标准适用于外来草本植物普查的组织实施。
NY/T 1862—2010		外来入侵植物监测技术规程　加拿大一枝黄花	中国农业科学院农业环境与可持续发展研究所、中国农业大学	本标准规定了加拿大一枝黄花监测的程序和方法。 本标准适用于对加拿大一枝黄花的监测。
NY/T 1863—2010		外来入侵植物监测技术规程　飞机草	中国农业科学院农业环境与可持续发展研究所、中国农业大学	本标准规定了飞机草监测的程序和方法。 本标准适用于对飞机草的监测。

（续）

标准号	被代替标准号	标准名称	起草单位	范　　围
NY/T 1864—2010		外来入侵植物监测技术规程　紫茎泽兰	中国农业科学院农业环境与可持续发展研究所、中国农业大学	本标准规定了紫茎泽兰监测的程序和方法。 本标准适用于对紫茎泽兰的监测。
NY/T 1865—2010		外来入侵植物监测技术规程　薇甘菊	中国农业科学院农业环境与可持续发展研究所、中国农业大学	本标准规定了薇甘菊监测的程序和方法。 本标准适用于对薇甘菊的监测。
NY/T 1866—2010		外来入侵植物监测技术规程　黄顶菊	中国农业科学院、中国农业大学、河北省农业环境保护监测站	本标准规定了黄顶菊监测的程序和方法。 本标准适用于黄顶菊的监测。
NY/T 1151.3—2010		农药登记用卫生杀虫剂室内药效试验及评价　第3部分：蝇香	农业部农药检定所、济南市疾病预防控制中心、中国科学院动物研究所、军事医学科学院微生物流行病研究所、北京市疾病预防控制中心	本部分规定了蝇香的室内药效测定及评价方法。 本部分适用于登记用蝇香对家蝇进行熏杀处理的室内药效测定与评价。
NY/T 1964.1—2010		农药登记用卫生杀虫剂室内试验试虫养殖方法　第1部分：家蝇	农业部农药检定所、中国科学院动物研究所、济南市疾病预防控制中心、军事医学科学院微生物流行病研究所、广东省疾病预防控制中心	本部分规定了农药试验登记用卫生杀虫剂室内药效测定及控制指标。 本部分适用于农药登记用卫生杀虫剂室内药效试验用家蝇的养殖。

（续）

标准号	被代替标准号	标准名称	起草单位	范　围
NY/T 1964.2—2010		农药登记用卫生杀虫剂室内试验及虫养殖方法 第2部分：淡色库蚊和致倦库蚊	农业部农药检定所、中国科学院动物研究所、济南市疾病预防控制中心、军事医学科学院微生物流行病研究所、广东省疾病预防控制中心	本部分规定了农药登记用卫生杀虫剂室内药效试验用淡色库蚊和致倦库蚊的养殖方法和控制指标。本部分适用于农药登记用卫生杀虫剂室内药效试验用淡色库蚊和致倦库蚊的养殖。
NY/T 1964.3—2010		农药登记用卫生杀虫剂室内试验及虫养殖方法 第3部分：白纹伊蚊	农业部农药检定所、中国科学院动物研究所、济南市疾病预防控制中心、军事医学科学院微生物流行病研究所、北京市疾病预防控制中心	本部分规定了农药登记用卫生杀虫剂室内药效试验用白纹伊蚊养殖方法和控制指标。本部分适用于农药登记用卫生杀虫剂室内药效试验用白纹伊蚊的养殖。
NY/T 1964.4—2010		农药登记药效试验及评价 第4部分：德国小蠊	农业部农药检定所、中国科学院动物研究所、济南市疾病预防控制中心、军事医学科学院微生物流行病研究所	本部分规定了农药登记用卫生杀虫剂室内药效试验用德国小蠊的养殖方法和控制指标。本部分适用于农药登记用卫生杀虫剂室内药效试验用德国小蠊的养殖。
NY/T 1965.1—2010		农药对作物安全性评价准则 第1部分：杀菌剂和杀虫剂对作物安全性评价室内试验方法	农业部农药检定所、南京农业大学植物保护学院	本部分规定了杀菌剂和杀虫剂对作物生产药害风险的室内试验的基本要求和方法。本部分适用于登记用杀菌剂和杀虫剂对作物安全性评价。

标准号	被代替标准号	标准名称	起草单位	范　围
NY/T 1965.2—2010		农药对作物安全性评价准则　第2部分：光合抑制型除草剂对作物安全性测定试验方法	农业部农药检定所、河北省农林科学院粮油作物研究所	本部分规定了光合抑制型除草剂对作物安全性测定试验的基本要求和方法。 本部分适用于农药登记用光合抑制型除草剂对作物安全性测定的室内试验和评价。
NY/T 1906—2010		农药环境评价良好实验室规范	农业部农药检定所、沈阳化工研究院	本标准规定了农药环境评价良好实验室规范。 本标准适用于为农药登记提供数据而遵从的良好实验室进行的环境评价试验。

2.4　粮油作物及产品

标准号	被代替标准号	标准名称	起草单位	范　围
GB/T 25882—2010		青贮玉米　品质分级	全国畜牧总站、农业部全国草业产品质量监督检验测试中心、中国农业大学、北京农学院	本标准规定了青贮玉米品质指标、品质分级及测定方法。 本标准适用于对青贮玉米品质的评价和分级。
NY/T 1893—2010		加工用花生等级规格	中国农业科学院农产品加工研究所、中国农业大学、青岛东生集团股份有限公司	本标准规定了加工用花生（仁、果）的等级、规格、包装和标识。 本标准适用于经过清理、脱壳、分拣等初级加工的花生（仁、果）。

（续）

标准号	被代替标准号	标准名称	起草单位	范　围
NY/T 1895—2010		豆类、谷类电子束辐照处理技术规范	中国农业科学院农产品加工研究所、农业部辐照产品质量监督检验检测中心、清华大学	本标准规定了供人类食用的豆类、谷类电子束辐照处理前、辐照中、辐照后要求，以及贮运、标签、重复辐照等内容。本标准适用于以电子束辐照处理为手段、用于豆类、谷类辐照杀灭害虫为目的的加工过程控制。
NY/T 1933—2010		大豆等级规格	农业部大豆及大豆制品质量监督检验测试中心	本标准规定了大豆的术语和定义、分类、等级规格要求、抽样方法、试验方法、检验规则、标签标识、包装、储存和运输。本标准适用于商品大豆。
NY/T 1961—2010		粮食作物名词术语	中国农业科学院作物科学研究所、中国农业科学院农业质量标准与检测技术研究所、农业部作物品种资源监督检验测试中心	本标准规定了禾谷类、豆类、薯类、油料类和其他粮食作物的名词术语和定义。本标准适用于农业及有关行业教学、科研、生产、经营、管理及信息交换等领域。
NY/T 1962—2010		马铃薯纺锤块茎类病毒检测	农业部脱毒马铃薯种薯质量监督检验检测中心（哈尔滨）	本标准规定了马铃薯纺锤块茎类病毒（PSTVd）的检测方法。本标准适用于马铃薯种薯、商品薯、试管苗及其根、茎、叶不同部位组织中的马铃薯纺锤块茎类病毒的检测。

标准号	被代替标准号	标准名称	起草单位	范围
NY/T 1963—2010		马铃薯品种鉴定	农业部脱毒马铃薯种薯质量监督检验测试中心（哈尔滨）	本标准规定了马铃薯品种鉴定 SSR 分子标记方法。本标准适用于马铃薯品种及种质资源鉴定。

2.5 经济作物及产品

标准号	被代替标准号	标准名称	起草单位	范围
NY/T 1834—2010		葱白等级规格	农业部农产品质量监督检验测试中心（杭州）、余姚市河姆渡葱白研究中心	本标准规定了葱白等级规格、包装、标识的要求及参考图片。本标准适用于鲜食葱白。
NY/T 1835—2010		大葱等级规格	农业部食品质量监督检验测试中心（济南）、农业部蔬菜质量监督检验测试中心（北京）、章丘市农业局	本标准规定了大葱等级规格的要求、抽样方法、包装、标识和参考图片。本标准适用于大葱，不适用于分葱和楼葱。
NY/T 1836—2010		白灵菇等级规格	中国农业科学院农业资源与农业区划研究所、北京格瑞拓普生物科技有限公司、天津市蓟县农技推广中心、北京金信食用菌有限公司	本标准规定了白灵菇的等级规格要求、包装和标识。本标准适用于白灵菇鲜品。

标准号	被代替标准号	标准名称	起草单位	范　围
NY/T 1837—2010		西葫芦等级规格	农业部农产品质量监督检验测试中心（重庆）、山西省农业科学院棉花研究所西葫芦育种室	本标准规定了西葫芦的等级规格的要求、抽样方法、包装、标识和参考图片。 本标准适用于鲜食西葫芦。
NY/T 1838—2010		黑木耳等级规格	农业部食用菌产品质量监督检验测试中心（上海）、上海市农业科学院农产品质量标准与检测技术研究所	本标准规定了黑木耳等级规格的术语和定义、要求、包装和标识。 本标准适用于黑木耳干品。
NY/T 1839—2010		果树术语	全国农业技术推广服务中心、河北农业大学、中国农业科学院果树研究所、西南大学	本标准规定了与果树相关的基本术语。 本标准适用于与果树相关的科研、教学、生产和贸易领域。
NY/T 1840—2010		露地蔬菜产品认证申报审核规范	农业部优质农产品开发服务中心、农业部农产品质量安全中心、天津市无公害农产品（种植业）管理办公室、山西省农产品质量安全认证中心、上海市农产品质量认证中心、湖南省农产品质量安全中心	本标准规定了无公害农产品露地蔬菜认证申报和审核的要求。 本标准适用于无公害农产品露地蔬菜认证。

标准号	被代替标准号	标准名称	起草单位	范　围
NY/T 1841—2010		苹果中可溶性固形物、可滴定酸无损伤快速测定近红外光谱法	北京市农林科学院林业果树研究所、农业部果品及苗木质量监督检验测试中心（北京）	本标准规定了无损伤快速测定苹果果实中可溶性固形物、总酸含量近红外光谱的方法。 本标准适用于中、晚熟苹果品种中可溶性固形物、总酸含量的无损伤快速测定。 本标准不适用于种栽检验。
NY/T 1842—2010		人参中皂苷的测定	农业部参茸产品质量监督检验测试中心	本标准规定了测定人参中 9 种人参皂苷的高效液相色谱方法。 本标准适用于人参中人参皂苷 Rb1、Rb2、Rb3、Rc、Rd、Re、Rg1、Rg2 和 Rf 的测定。
NY/T 494—2010	NY/T 494—2002	魔芋粉	西南大学、四川省产品质量监督检验检测院、成都新星成明生物科技有限公司、湖北省十堰花仙子魔芋制品有限公司、成都市圣特蒙魔芋微粉有限责任公司、绵阳都乐魔芋制品有限责任公司、宜昌一致魔芋生物科技有限公司	本标准规定了魔芋粉（又称魔芋胶）的术语和定义、分类、要求、试验方法、检验规则、标志标签及包装、运输、贮存。 本标准适用于食用及医药用原料的魔芋粉。

（续）

标准号	被代替标准号	标准名称	起草单位	范围
NY/T 1894—2010		茄子等级规格	中国农业大学食品科学与营养工程学院	本标准规定了茄子的等级、规格、包装、标识和图片的要求。本标准适用于鲜食茄子。
NY/T 1934—2010		双孢蘑菇、金针菇贮运技术规范	浙江省农业科学院食品加工研究所	本标准规定了双孢蘑菇和金针菇鲜菇的采收和质量要求、预冷、包装、入库、贮藏、出库、运输技术要求和试验方法。本标准适用于双孢蘑菇和金针菇鲜菇的贮运；其他食用菌的鲜菇贮运可参照本标准。
NY/T 1935—2010		食用菌栽培基质质量安全要求	农业部食品质量监督检验测试中心（佳木斯）	本标准规定了食用菌栽培基质的术语和定义、要求、包装、运输和贮存。本标准适用于各种栽培食用菌的固体栽培基质。
NY/T 1960—2010		茶叶中磁性金属物的测定	中国农业科学院茶叶研究所、农业部茶叶质量监督检验测试中心	本标准规定了茶叶中磁性金属物的测定方法。本标准适用于茶叶中磁性金属物的测定。

3 畜牧兽医

3.1 动物检疫、兽医与疫病防治、畜禽场环境

标准号	被代替标准号	标准名称	起草单位	范围
GB/T 25169—2010		畜禽粪便监测技术规范	农业部畜牧环境设施设备质量监督检验测试中心（北京）、中国农业科学院农业环境与可持续发展研究所	本标准规定了畜禽粪便监测过程中背景调查、采样点布设、采样、样品运输、试样制备、样品保存、检测项目与相应的分析方法、结果表示及质量控制的技术要求。本标准适用于畜禽养殖场和养殖小区的畜禽粪便监测。
GB/T 25171—2010		畜禽养殖废弃物管理术语	中国农业科学院农业环境与可持续发展研究所、农业部畜牧环境设施设备质量监督检验测试中心（北京）、农业部规划设计研究院	本标准规定了畜禽养殖废弃物收集、贮存、处理和利用的相关术语及定义。本标准适用于畜禽养殖废弃物管理及其相关领域。
GB/T 25886—2010		养鸡场带鸡消毒技术要求	中国检验检疫科学研究院	本标准规定了养鸡场带鸡消毒的术语和定义、要求、操作步骤及消毒方法。本标准适用于养鸡场的带鸡消毒。

标准号	被代替标准号	标准名称	起草单位	范　围
GB/T 25887—2010		奶牛脊椎畸形综合征检测 PCR-RFLP 法	华中农业大学	本标准规定了奶牛脊椎畸形综合征的 PCR-RFLP 检测技术。本标准适用于奶牛脊椎畸形综合征的检测与诊断。
NY/T 1981—2010		猪链球菌病监测技术规范	中国动物卫生与流行病学中心、广西壮族自治区动物疫病预防与控制中心	本规范制定了在全国范围内开展猪链球菌病监测和暴发疫情处理的技术规范，主要适用于散养户的调查、监测。各地可参考本规范，按实际情况开展有针对性的猪链球菌病监测工作。
NY/T 1949—2010		隐孢子虫卵囊检测技术 改良抗酸染色法	南京农业大学、中国农业科学院上海兽医研究所	本标准规定了改良抗酸染色法（MAFS）检测隐孢子虫卵囊的操作技术和结果判定要求。本标准适用于猪、牛、羊、犬、鸡和鸭等动物（新鲜粪便样品或直肠采样）隐孢子虫感染的诊断与流行病学调查。
NY/T 1950—2010		片形吸虫病诊断技术规范	中国农业科学院兰州兽医研究所	本标准规定了片形吸虫病（肝片形吸虫病和大片形吸虫病）临床诊断方法、病原检查方法和酶联免疫吸附试验免疫学诊断方法。本标准适用于牛、羊片形吸虫病的诊断、流行病学调查及检疫。

标准号	被代替标准号	标准名称	起草单位	范　围
NY/T 1951—2010		蜜蜂幼虫腐臭病诊断技术规范	中国农业科学院蜜蜂研究所	本标准规定了蜜蜂美洲幼虫腐臭病及蜜蜂欧洲幼虫腐臭病的诊断方法。本标准适用于蜜蜂美洲幼虫腐臭病及蜜蜂欧洲幼虫腐臭病的诊断和检疫。
NY/T 1952—2010		动物免疫接种技术规范	山东省动物疫病预防与控制中心	本标准规定了动物疫病预防用疫苗的运输、贮存、使用的技术规范。本标准适用于动物免疫接种。
NY/T 1953—2010		猪附红细胞体病诊断技术规范	河南省动物疫病预防控制中心	本标准规定了猪附红细胞体病诊断技术。本标准适用于对猪附红细胞体病的诊断。
NY/T 1954—2010		蜜蜂螨病病原检查技术规范	华南农业大学	本标准规定了蜜蜂狄斯瓦螨病及亮热厉螨病的病原检查方法。本标准适用于蜜蜂狄斯瓦螨病及亮热厉螨病的诊断和检疫。
NY/T 1955—2010		口蹄疫免疫接种技术规范	中国农科院兰州兽医研究所	本标准规定了口蹄疫疫苗在使用过程中的免疫效力保证、免疫原则、免疫程序、不良反应及解决措施和免疫效果评价的技术规范。本标准适用于口蹄疫疫苗的免疫接种。

（续）

标准号	被代替标准号	标准名称	起草单位	范　围
NY/T 1956—2010		口蹄疫消毒技术规范	中国农业科学院兰州兽医研究所	本标准规定了对口蹄疫疫点和疫区的紧急防疫消毒、终末消毒技术规范和消毒方法。 本标准适用于疑似或确认为口蹄疫疫区和非疫区的预防消毒技术规范和消毒方法。 本标准适用于疑似或确认为口蹄疫疫情后的消毒。
NY/T 1957—2010		畜禽寄生虫鉴定检索系统	河南农业大学	本鉴定检索系统包括286种寄生虫的主要形态结构和发育史特点。 本鉴定检索系统适用于动物286种寄生虫的鉴定和检索。其中，包括GB/T 18635附录A重要动物疫病名称中的寄生虫。
NY/T 1958—2010		猪瘟流行病学调查技术规范	中国动物卫生与流行病学中心、青岛易邦生物工程有限公司	本标准规定了疑似或确认发生猪瘟后开展猪瘟流行病学调查的技术要求。 本标准适用于疑似或确认发生猪瘟后开展现场调查和追踪调查、以核实疫情、查明疫源、确定三间分布（时间、空间和猪群间），为制定有效控制、扑灭猪瘟措施及解除疫情封锁提供科学依据。
NY/T 1947—2010		羊外寄生虫药浴技术规范	中国农业科学院兰州兽医研究所	本标准规定了羊外寄生虫病的药浴技术规范。 本标准适用于用药浴方法防治羊外寄生虫病。

标准号	被代替标准号	标准名称	起草单位	范　围
NY/T 1948—2010		兽医实验室生物安全要求通则	中国动物疫病预防控制中心、中国农业科学院哈尔滨兽医研究所、中国动物卫生与流行病学中心、中国农业大学	本标准规定了兽医实验室生物安全管理的术语和定义、生物安全管理体系建立和运行的基本要求、应急处置预案编制原则、安全保卫、生物保卫、生物安全报告、持续改进的基本要求。 本标准适用于中华人民共和国境内一切兽医实验室。

3.2　兽药、畜牧、兽医用机械

标准号	被代替标准号	标准名称	起草单位	范　围
GB/T 25170—2010		畜禽基因组 BAC 文库构建与保存技术规程	中国农业科学院北京畜牧兽医研究所	本标准规定了畜禽基因组 BAC 文库构建方法。 本标准适用于猪、牛、羊、马、驴、鸡、鸭、鹅等畜禽的基因组 BAC 文库构建与保存。
GB/T 25875—2010		草原蝗虫宜生区划分与监测技术导则	全国畜牧总站、中国农业科学院植物保护研究所	本标准规定了草原蝗虫宜生区划分的工作程序、宜生区监测的内容和基本技术要求、确立了宜生区划分与分类型划分指标和类型划分与监测。 本标准适用于草原蝗虫宜生区划分与宜生区监测。

标准号	被代替标准号	标准名称	起草单位	范　围
GB/T 25876—2010		牛早期胚胎性别的鉴定巢式PCR法	华中农业大学	本标准规定了牛早期胚胎性别鉴定的巢式PCR方法。本标准适用于奶牛和肉牛胚胎或胎儿的性别鉴定。
GB/T 25881—2010		牛胚胎	北京锦绣大地农业股份有限公司、农业部种畜禽质量监督检验测试中心、北京科润维德生物技术有限责任公司	本标准规定了牛胚胎的生产要求、抽样、检测与判定以及包装、标识、贮存和运输相关的技术要求。本标准适用于奶牛、肉牛的胚胎产品。
GB/T 25883—2010		瘦肉型种猪生产技术规范	北京市畜牧兽医总站、北京市通州区动物卫生监督管理局	本标准规定了瘦肉型种猪的性能测定与选择、引种、生产、管理、卫生防疫、饲料兽药使用及废弃物处理的要求。本标准适用于瘦肉型种猪的生产和监督检测。
NY/T 1872—2010		种羊遗传评估技术规范	农业部种羊及羊毛羊绒质量监督检验测试中心（乌鲁木齐）、中国农业科学院北京畜牧兽医研究所	本标准规定了种羊遗传评定的术语与定义以及遗传力估计、后裔测定、个体育种值估计、综合选择指数估计和最佳线性无偏预测BLUP法的估计方法。本标准适用于种羊各经济性状遗传程度的评估。

标 准 号	被代替标准号	标准名称	起草单位	范　　围
NY/T 1896—2010		兽药残留实验室质量控制规范	中国兽医药品监察所、华南农业大学、中国农业大学、华中农业大学、湖北省兽药监察所	本标准规定了兽药残留实验室质量控制的管理要求、技术要求、过程控制要求、检测与检测方法要求和结果的质量保证要求。本标准适用于从事有毒有害化学品（包括有毒有害化学品）残留检测及中兽药残留的质量控制。兽药残留研究实验室可参照使用。
NY/T 1897—2010		动物及动物产品兽药残留监控抽样规范	中国兽医药品监察所、湖北省兽药监察所	本标准规定了动物及动物产品兽药残留监控抽样的要求、方法、记录以及样品的封存、运输。本标准适用于动物及动物产品兽药残留监控抽样。
NY/T 1898—2010		畜禽线粒体 DNA 遗传多样性检测技术规程	全国畜牧总站	本标准规定了畜禽线粒体 DNA 遗传多样性检测的技术规程。本标准适用于畜禽线粒体 DNA 遗传多样性检测。
NY/T 1899—2010		草原自然保护区建设技术规范	农业部草原监理中心、甘肃省草原技术推广总站	本标准规定了草原自然保护区建设的原则和内容。本标准适用于所有草原自然保护区的建设。

标准号	被代替标准号	标准名称	起草单位	范　　围
NY/T 1900—2010		畜禽细胞与胚胎冷冻保种技术规范	全国畜牧总站	本标准规定了用于保种的家畜精液、家畜胚胎和畜禽成纤维细胞冷冻保存技术要求。本标准适用于家畜精液、家畜卵母细胞、家畜胚胎和畜禽成纤维细胞等遗传物质冷冻保存和检验入库。
NY/T 1901—2010		鸡遗传资源保种场保护技术规范	中国农业科学院北京畜牧兽医研究所、江苏省家禽科学研究所、全国畜牧总站	本标准规定了鸡遗传资源保种场的保护技术方法。本标准适用于鸡遗传资源的活体保护。
NY/T 1903—2010		牛胚胎性别鉴定技术方法PCR法	全国畜牧总站	本标准规定了聚合酶链式反应（PCR）方法鉴定胚胎性别的操作方法。本标准适用于普通牛（Bos taurus）胚胎性别鉴定。
NY/T 1904—2010		饲草产品质量安全生产技术规范	全国畜牧总站、农业部全国草业产品质量监督检验测试中心、中国农业大学、内蒙古农业大学、甘肃农业大学、四川省草原总站	本标准规定了饲草产品质量安全生产技术和要求，包括饲草种植、田间管理、收获及其品加工、运输和贮藏。本标准适用于干草及其制品。

标准号	被代替标准号	标准名称	起草单位	范围
NY/T 1905—2010		草原鼠害安全防治技术规程	中国农业大学、全国畜牧总站	本标准规定了防治草原鼠害中保证人、畜及草原环境安全的原则和技术措施。本标准适用于防治草原鼠害，其他环境鼠害防治可参考使用。

3.3 畜禽及其产品

标准号	被代替标准号	标准名称	起草单位	范围
GB/T 5946—2010	GB/T 5946—1986	三河牛	内蒙古自治区家畜改良工作站、呼伦贝尔市畜牧工作站、海拉尔市农牧场管理局	本标准规定了三河牛的品种特性、外貌特征和等级评定方法。本标准适用于三河牛品种鉴别和等级评定。
GB/T 25167—2010		新吉细毛羊	吉林省农业科学院、新疆维吾尔自治区畜牧科学院、新疆农垦科学院	本标准规定了新吉细毛羊品种特性、外貌特征、生产性能以及种羊等级评定方法。本标准适用于新吉细毛羊品种等级评定。
GB/T 25244—2010		高邮鸭	江苏省扬州市高邮质量技术监督局、高邮市高邮鸭良种繁育中心	本标准规定了高邮鸭的品种特性、体型外貌、体重和体尺、生产性能和测定方法。本标准适用于高邮鸭品种。

（续）

标准号	被代替标准号	标准名称	起草单位	范围
GB/T 25245—2010		广灵驴	中国农业大学马研究中心、山西省畜牧兽医局、中国马业协会	本标准规定了广灵驴的主要品种特性和等级评定方法。本标准适用于广灵驴的品种鉴定和等级评定。
GB/T 25879—2010		鸡蛋蛋清中溶菌酶的测定 分光光度法	扬州大学动物科学与技术学院	本标准规定了鸡蛋蛋清中溶菌酶的分光光度测定方法。本标准适用于鸡蛋蛋清中溶菌酶含量和活力的测定。
GB/T 25880—2010		毛皮掉毛测试方法 掉毛量测试仪法	农业部动物毛皮及制品质量监督检验测试中心（兰州）、中国农业科学院兰州畜牧与兽药研究所	本标准规定了用掉毛测试仪测定毛皮掉毛量方法的原理、操作规程等。本标准适用于獭兔皮、狐狸皮和水貂皮，其他毛皮参照执行。
GB/T 25885—2010		羊毛纤维平均直径及其分布测试方法 激光扫描仪法	农业部动物毛皮及制品质量监督检验测试中心（兰州）、中国农业科学院兰州畜牧与兽药研究所	本标准规定了应用纤维直径激光扫描仪测定羊毛纤维平均直径及其分布的方法。本标准适用于测量原毛、洗净毛和毛条纤维平均直径及其分布。

标准号	被代替标准号	标准名称	起草单位	范　围
NY 1870—2010		藏獒	中国畜牧业协会、西藏自治区畜牧总站	本标准规定了藏獒定义、体型外貌基本特征。 本标准适用于藏獒品种登记、品种鉴定和等级评定。
NY/T 1871—2010		黄羽肉鸡饲养管理技术规程	中国农业科学院北京畜牧兽医研究所	本标准规定了黄羽肉鸡种鸡和商品鸡生产过程中的术语和定义、总体要求、种鸡饲养管理和商品肉鸡饲养管理要求。 本标准适用于黄羽肉鸡的饲养与管理。
NY/T 1873—2010		日本脑炎病毒抗体间接检测酶联免疫吸附法	中国动物卫生与流行病学中心	本标准规定了日本脑炎病毒抗体的间接ELISA检测技术操作程序。 本标准适用于进出口检疫及流行病学调查时对猪血清中日本脑炎病毒抗体的检测。
NY/T 676—2010	NY/T 676—2003	牛肉等级规格	南京农业大学、中国农业科学院	本标准规定了牛肉的术语和定义、技术要求、评定方法。 本标准适用于牛肉品质分级；本标准不适用于小牛肉、小白牛肉、雪花肉的分级。

3.4 畜禽饲料与添加剂

标准号	被代替标准号	标准名称	起草单位	范　围
NY/T 1902—2010		饲料中单核细胞增生李斯特氏菌的微生物学检验	中国农业科学院农业质量标准与检测技术研究所	本标准规定了单核细胞增生李斯特氏菌的微生物学检验方法。 本标准适用于对饲料中单核细胞增生李斯特氏菌的分离、鉴定。
NY/T 1944—2010		饲料中钙的测定　原子吸收分光光谱法	农业部食品质量监督检验测试中心（佳木斯）	本标准规定了饲料中钙元素原子吸收分光光谱的测定方法。 本标准适用于饲料中钙元素的测定，不适用于矿物质饲料。 本标准的定量测定范围为 0.2mg/L～5.0mg/L。 当称样量为 1g，定容体积为 50mL，本标准的方法检出限为 2.5mg/kg。
NY/T 1945—2010		饲料中硒的测定　微波消解—原子荧光光谱法	农业部食品质量监督检验测试中心（佳木斯）	本标准规定了饲料中硒的原子荧光光谱测定方法。 本标准适用于饲料中硒元素的测定，不适用于矿物质饲料。 本标准的定量测定范围为 1μg/L～100μg/L。 本方法检出限为 0.01mg/kg。

标准号	被代替标准号	标准名称	起草单位	范围
NY/T 1946—2010		饲料中牛羊源性成分检测实时荧光聚合酶反应法	上海市兽药饲料检测所、农业部饲料质量监督检验测试中心（西安）、新疆兽药饲料监察所、农业部饲料质量监督检验测试中心（成都）、天根生化科技（北京）有限公司	本标准规定了饲料中牛羊源性成分的实时荧光聚合酶链反应（PCR）检测方法及结果判定。本标准适用于动物源性饲料、配合饲料、浓缩饲料、精料补充料中牛羊源性成分的定性检测。本方法的最低检出限为0.1%。
NY/T 1968—2010		玉米干全酒糟（玉米 DDGS）	中国农业大学动物科学学院	本标准规定了饲料用玉米干全酒糟（玉米DDGS）的定义、要求、标签、检验规则、运输和贮存。本标准适用于采用玉米为原料生产干法酒精、半干法酒精和湿法酒精生产得到的干酒糟及可溶物。
NY/T 1969—2010		饲料添加剂产阮假丝酵母	中国农业科学院饲料研究所	本标准规定了饲料添加剂产阮假丝酵母的定义、要求、试验方法、包装、标志、检验规则以及贮存。本标准适用于饲料添加剂产阮假丝酵母。

标准号	被代替标准号	标准名称	起草单位	范围
NY/T 1970—2010		饲料中伏马毒素的测定	农业部农产品质量安全监督检验测试中心（宁波）	本标准规定了饲料中伏马毒素 B1 和伏马毒素 B2 含量的液相色谱串联质谱测定方法和液相色谱测定方法。本标准适用于植物源性饲料原料、精料补充料、配合饲料和浓缩饲料中伏马毒素 B1 和伏马毒素 B2 含量的测定。本标准的方法检出限和定量限：液相色谱串联质谱法的检出限为 0.01mg/kg，定量限为 0.05mg/kg；液相色谱法的检出限为 0.01mg/kg，定量限为 0.05mg/kg。

3.5 兽药残留（农业部公告）

标准号	被代替标准号	标准名称	起草单位	范围
农业部 1486 号公告—1—2010		饲料中苯乙醇胺 A 的测定 高效液相色谱—串联色谱法	中国农业科学院农业质量标准与检测技术研究所、农业部饲料质量监督检验测试中心（成都）	本标准规定了饲料中苯乙醇胺 A 的高效液相色谱串联质谱的测定方法。本标准适用于配合饲料、添加剂预混合饲料和浓缩饲料中苯乙醇胺 A 的测定。本方法最低检出限为 0.02mg/kg，最低定量限为 0.05mg/kg。

标准号	被代替标准号	标准名称	起草单位	范围
农业部 1486 号公告—2—2010		饲料中可乐定和赛庚啶的测定 液相色谱—串联质谱法	上海市兽药饲料检测所、国家饲料质量监督检验中心（北京）、浙江省兽药监察所、河南省饲料产品质量监督检验站	本标准规定了饲料中可乐定和赛庚啶的液相色谱—串联质谱的测定方法（LC-MS/MS）。本标准适用于配合饲料、浓缩饲料和添加剂预混合饲料中可乐定和赛庚啶的测定。本方法检出限为 0.01mg/kg，定量限为 0.02mg/kg。
农业部 1486 号公告—3—2010		饲料中安普霉素的测定 高效液相色谱法	中国农业大学、农业部饲料工业中心	本标准规定了测定饲料中安普霉素的高效液相色谱法。本标准适用于配合饲料、浓缩饲料和添加剂预混合饲料中安普霉素的测定。本方法检出限和定量限分别为 3mg/kg 和 10mg/kg。
农业部 1486 号公告—4—2010		饲料中硝基咪唑类药物的测定 液相色谱—质谱法	中国农业大学动物医学院	本标准规定了饲料中硝基咪唑类药物含量的液相色谱—质谱检测法。本标准适用于配合饲料、浓缩饲料和添加剂预混合饲料中甲硝唑、二甲硝咪唑、替硝唑、洛硝哒唑含量的测定。本方法的检测限：饲料中甲硝唑、洛硝哒唑、二甲硝唑、替硝唑均为 15μg/kg。本方法的定量限：饲料中甲硝唑、洛硝哒唑、二甲硝唑、替硝唑均为 50μg/kg。

标准号	被代替标准号	标准名称	起草单位	范　围
农业部 1486 号公告—5—2010		饲料中阿维菌素类药物的测定　液相色谱—质谱法	中国农业大学动物医学院	本标准规定了饲料中阿维菌素类药物的液相色谱—质谱检测方法。本标准适用于配合饲料、浓缩饲料、添加剂预混合饲料中埃普利诺菌素、阿维菌素、多拉菌素和伊维菌素含量的测定。本方法的检测限：饲料中 4 种阿维菌素类药物均为 10μg/kg。本方法的定量限：饲料中 4 种阿维菌素类药物均为 20μg/kg。
农业部 1486 号公告—6—2010		饲料中雷琐酸内酯类药物的测定　气相色谱—质谱法	中国农业大学动物医学院	本标准规定了饲料中雷琐酸内酯类药物的气相色谱—质谱检测方法。本标准适用于配合饲料、浓缩饲料、添加剂预混合饲料中 α-玉米赤霉醇、β-玉米赤霉醇、α-玉米赤霉烯醇、β-玉米赤霉烯醇、玉米赤霉烯酮和玉米赤霉酮的测定。本方法的检测限：饲料中 6 种雷琐酸内酯类药物均为 2μg/kg。本标准的定量限：饲料中 6 种雷琐酸内酯类药物均为 5μg/kg。

标准号	被代替标准号	标准名称	起草单位	范　围
农业部1486号公告—7—2010		饲料中9种磺胺类药物的测定 高效液相色谱法	中国农业大学	本标准规定了饲料中9种磺胺类药物含量的高效液相色谱方法。本标准适用于配合饲料、浓缩饲料和添加剂预混合饲料中磺胺醋酰、磺胺嘧啶、磺胺吡啶、磺胺二甲基嘧啶、磺胺对甲氧哒嗪、磺胺甲基异恶唑、磺胺间甲氧嘧啶、磺胺二甲氧嘧啶、磺胺喹恶唑含量的测定。本方法的检测限为0.1mg/kg，定量限为0.5mg/kg。
农业部1486号公告—8—2010		饲料中硝基呋喃类药物的测定 高效液相色谱法	中国农业大学动物医学院	本标准规定了饲料中4种硝基呋喃类药物含量的制样和高效液相色谱方法。本标准适用于配合饲料、浓缩饲料和添加剂预混合饲料中呋喃它酮和呋喃唑酮单个或多个药物含量的测定。本方法的检测限：饲料中呋喃西林、呋喃妥因、呋喃它酮和呋喃唑酮均为0.3mg/kg。本方法的定量限：饲料中呋喃西林、呋喃妥因、呋喃它酮和呋喃唑酮均为1.0mg/kg。

标 准 号	被代替标准号	标准名称	起草单位	范　围
农业部 1486 号公告—9—2010		饲料中氯烯唑醚的测定 高效液相色谱法	农业部饲料质量监督检验测试中心（成都）	本标准规定了饲料中氯烯唑醚含量的高效液相色谱方法（HPLC）。本标准适用于配合饲料、浓缩饲料和添加剂预混混合饲料。本标准的检测限为 0.1mg/kg，定量限为 0.3mg/kg。
农业部 1486 号公告—10—2010		饲料中三唑仑的测定 气相色谱—质谱法	农业部饲料质量监督检验测试中心（成都）	本标准规定了饲料中三唑仑含量的气相色谱—质谱法（GC-MS）。本标准适用于配合饲料、浓缩饲料和添加剂预混混合饲料。本标准的检测限为 0.03mg/kg，定量限为 0.1mg/kg。

4 渔业

4.1 水产养殖

标准号	被代替标准号	标准名称	起草单位	范　　围
GB/T 25884—2010		蛙类形态性状测定	中国水产科学研究院长江水产研究所	本标准确立了蛙类形态性状测定中的术语和定义，所需的测量器材、抽样，操作步骤和结果判定。 本标准适用于蛙类形态构造的常规测定。
SC/T 1107—2010		中华鳖　亲鳖和苗种	浙江省淡水水产研究所、杭州市余杭区上升农业开发有限公司、浙江清溪鳖业有限公司、温岭市东片生态养殖有限公司、长兴县如兴养殖场、长兴县水产协会	本标准规定了中华鳖（*Pelodiscus sinensis* Wiegmann）亲鳖和苗种的来源，质量要求、检验方法和判定规则。 本标准适用于中华鳖亲鳖和苗种的质量评定。
SC/T 3046—2010		冻烤鳗良好生产规范	福建省水产研究所、中国渔业协会鳗业工作委员会、江西西龙食品有限公司、莆田金日食品有限公司	本标准规定了冻烤鳗生产中的术语和定义、加工企业的基本条件、原辅材料要求及用水、生产过程管理、产品贮存与运输及质量安全管理中应达到的良好条件或要求。 本标准适用于冻烤鳗生产中的质量安全管理。

标准号	被代替标准号	标准名称	起草单位	范 围
SC/T 3047—2010		鳗鲡储运技术规程	中国渔业协会鳗业工作委员会、福建省淡水水产研究所、福建天马水产贸易公司	本标准规定了活鳗鲡暂养与运输的操作要求。 本标准适用于活鳗鲡的暂养与运输。
SC/T 9401—2010		水生生物增殖放流技术规程	山东省海洋捕捞生产管理站、中国水产科学研究院长江水产研究所	本标准规定了水生生物增殖放流的水域条件、本底调查，放流物种的质量，检验、包装、运输、投放，放流资源保护与监测、效果评价等技术要求。 本标准适用于公共水域的水生生物增殖放流。
SC/T 9402—2010		淡水浮游生物调查技术规范	中国水产科学研究院长江水产研究所	本标准规定了淡水浮游生物常规调查中所需的试剂与器具、水样采集与处理、种类鉴定、计数、生物量的计算、数据整理、浮游植物叶绿素和初级生产力的测定。 本标准适用于淡水浮游生物常规调查。
SC/T 1004—2010	SC/T 1004—2004	鳗鲡配合饲料	厦门大学、福建天马饲料有限公司、福建省饲料质量监督检验站、福建省水产饲料研究所、中国渔业协会鳗业工作委员会	本标准规定了鳗鲡配合饲料的术语和定义、产品分类、技术要求、试验方法、检验规则及标签、包装、运输、贮存和保质期。 本标准适用于鳗鲡粉状配合饲料和膨化颗粒配合饲料。

（续）

4.2 水产品

标准号	被代替标准号	标准名称	起草单位	范　围
GB/T 10029—2010	GB/T 10029—2000	团头鲂	华中农业大学、中国水产科学院长江水产研究所	本标准给出了团头鲂（*Megalobrama amblycephala* Yih）的学名与分类、主要形态结构特征、生长与繁殖、遗传学特性、检测方法以及检验规则与结果判定。 本标准适用于团头鲂的种质检测与鉴定。
GB/T 18395—2010	GB/T 18395—2001	彭泽鲫	江西省九江市水产科学研究所、九江学院	本标准确立了彭泽鲫（*Carassius auratus* var. *Pengzesis*）的主要形态结构特征、生长与繁殖、生化遗传学特性、细胞遗传学特性及检测方法。 本标准适用于彭泽鲫的种质检测与鉴定。
GB/T 19163—2010	GB/T 19163—2003	牛蛙	湖南农业大学、湖南生物机电学院	本标准确立了牛蛙（*Rana catesbeiana* Shaw）的名称与分类、主要形态结构特征、生长与繁殖、遗传学特性、检测方法及结果判断。 本标准适用于牛蛙的种质检测与鉴定。

标准号	被代替标准号	标准名称	起草单位	范围
GB/T 25166—2010		裙带菜	中国水产科学研究院黄海水产研究所	本标准规定了裙带菜 [Undaria pinnatifida（Harvey）Suringar] 主要形态构造特征、生活周期与繁殖、遗传学特性以及检测方法。本标准适用于裙带菜的种质检测与鉴定。
GB/T 25888—2010		月鳢	中国水产科学研究院长江水产研究所	本标准确立了月鳢（Channa asiatica Linnaeus)的名称与分类、主要形态构造特征、生长与遗传学特性、检测方法以及检验规则与结果判定。本标准适用于月鳢的种质检测与鉴定。
SC/T 3119—2010		活鳗鲡	福建省水产工作委员会、中国渔协鳗业工作委员会、福建省水产技术推广总站	本标准规定了活鳗鲡的产品要求、试验方法、检验规则以及标志、包装及运输方法。本标准适用于日本鳗鲡（Anguilla japonica）、欧洲鳗鲡（Anguilla anguilla）及美洲鳗鲡（Anguill rostrata）等活鳗鲡商品的产、销质量评定。
SC 2018—2010	SC 2018—2004	红鳍东方鲀	中国水产科学研究院黄海水产研究所、中国海洋大学	本标准给出了红鳍东方鲀（Takifugu rubripes，Temminck & Schlegel）的主要形态特征、生长与繁殖、遗传学特征以及检测方法。本标准适用于红鳍东方鲀的种质鉴定与检测。

标准号	被代替标准号	标准名称	起草单位	范围
SC/T 3102—2010	SC/T 3102—1984	鲜、冻带鱼	中国水产科学研究院黄海水产研究所、舟山京洲水产食品有限公司、国家水产品质量监督检验中心	本标准规定了鲜、冻带鱼的要求、试验方法、检验规则、标识、包装、运输和贮存。本标准适用于带鱼（Trichiurus）鲜品、冻品。
SC/T 3103—2010	SC/T 3103—1984	鲜、冻鲳鱼	中国水产科学研究院黄海水产研究所、国家水产品质量监督检验中心、山东省出入境检验检疫局	本标准规定了鲜、冻鲳鱼的要求、试验方法、检验规则、标识、包装、运输和贮存。本标准适用于银鲳（Pampus argenteus）、灰鲳（Pampus cinereus）、尾鲳（Pampus nozawae）的鲜品、冻品。
SC/T 3104—2010	SC/T 3104—1986	鲜、冻蓝圆鲹	中国水产科学研究院南海水产研究所	本标准规定了鲜、冻蓝圆鲹的要求、试验方法、运输和贮存。本标准适用于蓝圆鲹（Decapterus maruadsi）的鲜品和冻品。
SC/T 3106—2010	SC/T 3106—1988	鲜、冻海鳗	中国水产科学研究院黄海水产研究所、舟山市越洋食品有限公司、国家水产品质量监督检验中心、山东省出入境检验检疫局	本标准规定了鲜、冻海鳗的要求、试验方法、检验规则、标识、包装、运输和贮存。本标准适用于海鳗（Muraenesox cinereus）、星鳗（Astroconger myriaster）鲜品、冻品。

(续)

标准号	被代替标准号	标准名称	起草单位	范围
SC/T 3107—2010	SC/T 3107—1984	鲜、冻乌贼	中国水产科学研究院东海水产研究所	本标准规定了鲜、冻乌贼的要求、试验方法、检验规则、标识、包装、运输与贮存。本标准适用于乌贼科（*Sepiidae*）中各属的鲜品（包括新鲜品、冰鲜品和冷冻后再解冻品，以下文中均称鲜品）和冷冻品。
SC/T 3101—2010	SC/T 3101—1984	鲜大黄鱼、冻大黄鱼、鲜小黄鱼、冻小黄鱼	中国水产科学研究院黄海水产研究所、国家水产品质量监督检验中心	本标准规定了鲜、冻大黄鱼和鲜、冻小黄鱼的要求、试验方法、检验规则、标识、包装、运输和贮存。本标准适用于大黄鱼（*Pseudosciaena crocea*）、小黄鱼（*Pseudosciaena polyactis*）的鲜品、冻品。
SC/T 3302—2010	SC/T 3302—2000	烤鱼片	中国水产科学研究院黄海水产研究所、中国水产舟山市海洋渔业公司、石狮市华宝明祥食品有限公司、好当家集团有限公司	本标准规定了烤鱼片的要求、试验方法、检验规则、标签、包装、运输及贮存。本标准适用于以马面鲀（*Navodon modestus*）、鳕鱼（*Gadus macrocephalus*）为原料，经剖片、漂洗、调味、烤熟、烘干、轧松等工序制成的烤鱼片产品。由其他海水鱼制成的烤鱼片可参照执行。

4.3 渔药及疾病检疫

标准号	被代替标准号	标准名称	起草单位	范　围
GB/T 25877—2010		淀粉胶电泳同工酶分析	中国海洋大学、黄海水产研究所	本标准规定了淀粉胶电泳同工酶分析的试剂和材料、仪器、抽样、分析步骤及结果判定。 本标准适用于常见淡、海水水生生物的水平凝胶电泳常见的同工酶分析。
GB/T 25878—2010		对虾传染性皮下及造血组织坏死病毒（IHHNV）检测 PCR法	中国水产科学研究院黄海水产研究所、农业部全国水产技术推广总站	本标准规定了对虾传染性皮下及造血组织坏死病毒（IHHNV）聚合酶链式反应（PCR）检测方法的原理、所需试剂和材料、仪器和设备、操作步骤和结果判定。 本标准适用于对虾、环境生物、饵料生物和其他各种生物样品中传染性皮下及造血组织坏死病毒（IHHNV）的定性检测。不适于对病毒量或感染活性的估测以及宿主感染程度的评估。
SC/T 1106—2010		渔用药物代谢动力学和残留试验技术规范	中国水产科学研究院黄海水产研究所	本标准规定了渔用药物代谢动力学和残留试验的实验设计的基本要求、样品分析方法的选择、确证技术要求、药物代谢动力学曲线的拟合、模型的确定及参数估算等。 本标准适用于渔用药物在鱼虾体内的代谢动力学和残留试验；其他水产动物的药物代谢动力学和残留试验可参考使用。

4.4 渔具材料

标准号	被代替标准号	标准名称	起草单位	范　围
GB/T 6964—2010	GB/T 6964—1986	渔网网目尺寸测量方法	中国水产科学研究院东海水产研究所、农业部绳索网具产品质量监督检验测试中心	本标准规定了测量渔网网目尺寸的测量器具、测量用力、试验要求、测量步骤、数据处理、试验报告。本标准适用于渔网网目内径、网目长度的测量。

4.5 渔船设备

标准号	被代替标准号	标准名称	起草单位	范　围
GB/T 25505—2010		海洋渔业船舶系泊、航行及捕捞试验通则	中华人民共和国山东渔业船舶检验局、中华人民共和国渔业船舶检验局	本标准规定了海洋渔业船舶（以下简称渔船）系泊、航行及捕捞试验的一般要求、试验条件、试验项目及方法。本标准适用于新建造的船长不小于24m的柴油机动力渔船，其他船舶可参照执行。
SC/T 8137—2010		渔船布置图专用设备图形符号	农业部渔业船舶检验局、中国水产科学研究院渔业机械仪器研究所、黄海造船有限公司	本标准规定了渔船布置图中主要的专用设备图形符号（以下简称图形符号）。本标准适用于渔船布置图的设绘。

标准号	被代替标准号	标准名称	起草单位	范　围
SC/T 8139—2010		渔船设施卫生基本条件	浙江省海洋水产研究所、农业部渔业船舶检验局、浙江渔业船舶检验局	本标准规定了渔船理鱼区、鱼舱、卫生间、厨房、给排水设施、设备和器具及其他设施卫生的基本条件。本标准适用于设有冰鲜鱼舱的渔船。
SC/T 8117—2010	SC/T 8117—2001	玻璃纤维增强塑料渔船木质阴模制作	山东省海洋水产研究所、山东省乳山市渔轮厂、农业部渔业船舶检验局	本标准规定了玻璃纤维增强塑料渔船木质阴模的模具骨材制作、整体式木质阴模制作、横向分模式木质阴模制作、质量控制。本标准适用于玻璃纤维增强塑料渔船木质阴模制作。其他玻璃纤维增强塑料船艇亦可参考应用。

5 农垦

5.1 热作产品

标准号	被代替标准号	标准名称	起草单位	范围
NY/T 1938—2010		植物性食品中稀土元素的测定 电感耦合等离子体发射光谱法	农业部热带农产品质量监督检验测试中心	本标准规定了植物性食品中镧、铈、镨、钕和钐等5种稀土元素等离子体发射光谱的测定方法。本标准适用于植物性食品中稀土元素的测定。本标准方法中各元素的检出限参见附录A。
NY/T 1939—2010		热带水果包装、标识通则	农业部热带农产品质量监督检验测试中心	本标准规定了热带水果包装、标识、运输、贮存的要求。本标准适用于热带水果的包装和销售。
NY/T 1940—2010		热带水果分类和编码	中国热带农业科学院分析测试中心	本标准规定了热带水果分类原则和方法、编码方法及分类代码。本标准适用于热带水果的生产、贸易、物流、管理、统计等过程中热带水果的植物学或农艺学分类。不适用于热带水果代码信息化。

标准号	被代替标准号	标准名称	起草单位	范　　围
NY/T 1942—2010		龙舌兰麻抗病性鉴定技术规程	中国热带农业科学院南亚热带作物研究所	本标准规定了龙舌兰麻抗病性鉴定方法。 本标准适用于龙舌兰麻（*Agave*）对剑麻斑马纹病和剑麻茎腐病的抗性鉴定。

5.2　热作加工机械

标准号	被代替标准号	标准名称	起草单位	范　　围
NY/T 460—2010	NY/T 460—2001	天然橡胶初加工机械　干燥车	中国热带农业科学院农产品加工研究所，农业部热带作物机械质量监督检验测试中心	本标准规定了天然橡胶干燥车的型号规格、技术要求以及试验方法、检验规则、产品标志、包装、运输和贮存。
NY/T 461—2010	NY/T 461—2001	天然橡胶初加工机械　推进器	中国热带农业科学院农产品加工研究所，农业部热带作物机械质量监督检验测试中心	本标准规定了用于推动天然橡胶干燥车的推进器的型号规格、技术要求、试验方法、检验规则、标志、包装、运输和贮存。

5.3 热作种子种苗栽培

标准号	被代替标准号	标准名称	起草单位	范　围
NY/T 1941—2010		龙舌兰麻种质资源鉴定技术规程	中国热带农业科学院南亚热带作物研究所	本标准规定了龙舌兰麻（Agave）种质资源主要性状和定义、技术要求和方法。本标准适用于龙舌兰麻（Agave）种质资源的植物学特征、生物学特性和品质性状的鉴定。
NY/T 1943—2010		木薯种质资源描述规范	中国热带农业科学院热带作物品种资源研究所	本标准规定了木薯（Manihot esculenta Crantz）种质资源描述方法。本标准适用于木薯种质资源基本信息、植物学性状、农艺性状、品质性状的描述。

· 64 ·

6 农牧机械

6.1 农业机械综合

标准号	被代替标准号	标准名称	起草单位	范围
NY 1918—2010		农机安全监理证件	农业部农机监理总站、湖南省农机监理总站、黑龙江省农机监理总站	本标准规定了农机安全监理证件的组成、式样、规格、印刷、质量要求、印章、试验方法、验收规则、标志、包装、运输、核发、审验和佩带等。本标准适用于农机安全监理证件的制作、质量检验和管理。
NY/T 1927—2010		农机户经营效益抽样调查方法	农业部农业机械试验鉴定总站、江苏省农业机械管理局、山东省农业机械管理办公室、陕西省农业机械管理局	本标准规定了农机户经营效益抽样调查的术语和定义、抽样调查程序及方法。本标准适用于县级农业机械化管理统计中农机户经营效益的统计。

6.2 拖拉机

标准号	被代替标准号	标准名称	起草单位	范　围
NY/T 1877—2010		轮式拖拉机质心位置测定质量周期法	农业部农业机械试验鉴定总站、湖南省农业机械试验鉴定站、中国一拖集团有限公司	本标准规定了轮式拖拉机质心位置测定的术语和定义、测定条件和测定方法。本标准适用于轮式拖拉机；其他轮式农业机械可参照执行。
NY/T 1928.1—2010		轮式拖拉机　修理质量　第1部分：皮带传动轮式拖拉机	农业部农业机械试验鉴定总站、山东省农业机械科学研究所、山东时风（集团）有限责任公司	本标准规定了皮带传动轮式拖拉机主要零部件、总成及整机的修理技术要求、检验方法、验收与交付要求。本标准适用于皮带传动轮式拖拉机主要零部件、总成及整机的修理质量评定。
NY/T 1929—2010		轮式拖拉机静侧翻稳定性试验方法	农业部农业机械试验鉴定总站、黑龙江省农业机械试验鉴定站、江苏省农业机械试验鉴定站、中国一拖集团有限公司、国家工程机械质量监督检验中心、常州常发农业装备有限公司	本标准规定了轮式拖拉机静侧翻稳定性合架试验条件、试验方法和数据处理。本标准适用于轮式拖拉机。其他轮式机械亦可参照执行。

6.3 其他农机具

标准号	被代替标准号	标准名称	起草单位	范　围
NY 1874—2010		制绳机械设备安全技术要求	中国热带农业科学院农业机械研究所、农业部热带作物机械质量监督检验检测试中心	本标准规定了以剑麻纤维为加工原料的制绳机械设备的有关术语和定义、以及设计、制造、安装、使用和维护等安全技术要求。本标准适用于以剑麻纤维为加工原料的制绳机械设备的制造、安装和使用。
NY/T 1875—2010		联合收割机禁用与报废技术条件	甘肃省农业机械鉴定站、甘肃农业大学、甘肃省定西市农机推广站	本标准规定了联合收割机禁用与报废的技术要求和检测方法。本标准适用于小麦、水稻和玉米联合收割机。
NY/T 1876—2010		喷杆式喷雾机安全施药技术规范	吴江市农林局、农业部南京农业化研究所、山东华盛中天机械集团有限公司	本标准规定了喷杆式喷雾机（以下简称喷雾机）进行农作物病虫草害防治时的安全施药技术规范。本标准适用于悬挂、牵引和自走3种型式的喷雾机的喷雾作业。
NY 1919—2010		耕整机　安全技术要求	湖南省农业机械鉴定站、农业部农业机械试验鉴定总站、重庆市农业机械鉴定站	本标准规定了耕整机的术语和定义、离合装置、防护装置、停机装置、座位和其他方面的安全技术要求。本标准适用于耕整机。

（续）

标准号	被代替标准号	标准名称	起草单位	范围
NY/T 1920—2010		微型谷物加工组合机技术条件	湖南省农业机械鉴定站、农业部农产品加工机械设备质量监督检验测试中心（长沙）、湖南省农友机械集团有限公司、湖南省金峰机械科技有限公司、张家界佳乐机械制造有限公司	本标准规定了微型谷物加工组合机的术语和定义、型号标记、技术要求、试验方法、检验规则、交付、运输和贮存。本标准适用于微型谷物加工组合机。
NY/T 1921—2010		耕作机组作业能耗评价方法	农业部节能产品及设备质量监督检验测试中心（天津）	本标准规定了耕作机组单位作业面积燃油消耗量评价指标、试验方法和评价方法。本标准适用于耕作机组旱田作业的燃油消耗量评价。
NY/T 1922—2010		机插育秧技术规程	江苏省农业机械管理局、江苏省农机具开发应用中心	本标准规定了机插水稻育秧技术的术语和定义、基本要求、操作流程、种子处理、床土、秧床、材料准备、播种、秧田管理、秧苗要求、起运育秧。本标准适用于机插水稻干基质育秧和双膜育秧。
NY/T 1923—2010		背负式喷雾机安全施药技术规范	农业部南京农业机械化研究所	本标准规定了使用背负式喷雾机喷洒农药时操作人员安全防护、施药前准备、喷药作业和施药后的处理的技术规范。本标准适用于背负式动力喷雾喷粉机和背负式机动喷雾喷粉机的施药作业。

标准号	被代替标准号	标准名称	起草单位	范　围
NY/T 1924—2010		油菜移栽机质量评价技术规范	农业部南京农业机械化研究所、南通富来威农业装备有限公司	本标准规定了油菜移栽机基本要求、质量要求、检测方法以及检验规则。本标准适用于油菜裸苗和带土苗移栽机的质量评定。玉米、棉花、甜菜、烟草、蔬菜等其他作物移栽机的质量评价可参照执行。
NY/T 1925—2010		在用喷杆喷雾机质量评价技术规范	农业部南京农业机械化研究所、山东华盛中天机械集团有限公司	本标准规定了在用喷杆喷雾机的检验要求、质量要求、检测方法和检验规则。本标准适用于拖拉机配套的在用悬挂式、牵引式喷杆喷雾机以及推车式喷杆喷雾机的质量评定。
NY/T 1926—2010		玉米收获机　修理质量	农业部农业机械试验鉴定总站、河北省农业机械修造服务总站	本标准规定了玉米收获机主要零部件、总成及整机的修理技术要求、检验方法、验收与交付要求。本标准适用于玉米收获机的主要零部件、总成及整机的修理质量评定。
NY/T 1930—2010		秸秆颗粒饲料压制机质量评价技术规范	农业部农产品加工机械设备质量监督检验测试中心（沈阳）	本标准规定了秸秆颗粒饲料压制机产品质量评价指标、检验方法和检验规则。本标准适用于环模式秸秆颗粒饲料压制机产品质量评价。

标准号	被代替标准号	标准名称	起草单位	范 围
NY/T 1931—2010		农业机械先进性评价一般方法	江苏省农业机械试验鉴定站、南京农业大学	本标准规定了农业机械先进性评价的术语和定义、内容和方法。 本标准适用于农业机械产品的先进性评价。
NY/T 1932—2010		联合收割机燃油消耗量评价指标及测量方法	农业部农业机械试验鉴定总站（中国农机产品质量认证中心）、江苏省农业机械试验鉴定站、浙江柳林收割机有限公司、福田雷沃国际重工股份有限公司、洋马农机（中国）有限公司	本标准规定了联合收割机燃油消耗量测量的术语和定义、评价指标、检测条件、检测方法、测量结果的重复性检验和置信区间。 本标准适用于以柴油机为动力的自走式稻麦联合收割机。
NY/T 372—2010	NY/T 372—1999	重力式种子分选机质量评价技术规范	农业部农业机械试验鉴定总站	本标准规定了粮食作物种子加工用重力式分选机的基本要求、质量要求、检测方法和检验规则。 本标准适用于粮食作物种子加工用重力式分选机的质量评定。

7 农村能源

7.1 沼气

标准号	被代替标准号	标准名称	起草单位	范　围
NY/T 1916—2010		非自走式沼渣沼液抽排设备技术条件	农业部科技发展中心、农业部沼气产品及设备质量监督检验测试中心、中国沼气学会、东风汽车股份有限公司、河南奔马股份有限公司、湖北福田专用汽车有限责任公司、山东时风（集团）有限责任公司	本标准规定了非自走式沼渣沼液抽排设备的术语和定义、型号、主要参数与基本要求、标志、运输和贮存。本标准适用于海拔高度在 3 500m 以下、不能自行移动的沼渣沼液抽排设备（以下简称抽排设备）。
NY/T 1917—2010		自走式沼渣沼液抽排设备技术条件	农业部科技发展中心、农业部沼气产品及设备质量监督检验测试中心、中国沼气学会、东风汽车股份有限公司、河南奔马股份有限公司、湖北福田专用汽车有限责任公司、山东时风（集团）有限责任公司	本标准规定了自走式沼渣沼液抽排设备的术语和定义、型号、主要参数与基本要求、检验规则、标志、运输和贮存。本标准适用于定型汽车或农用车底盘、采用定型汽车或农用车底盘、配装定型的柴油机或汽油机、最高时速不超过 60km/h 的自走式沼渣沼液抽排设备（以下简称抽排设备）。

7.2 新型燃料、节能

标准号	被代替标准号	标准名称	起草单位	范围
NY/T 1878—2010		生物质固体成型燃料技术条件	农业部农村可再生能源重点开放实验室、江苏苏州恒辉生物能能源开发有限公司、南京大学、国能生物发电集团、哈尔滨工业大学	本标准规定了生物质固体成型燃料的术语和定义、分类、规格、性能指标、检验规则、标志、包装、运输与贮存。本标准适用于以生物质为主要原料生产的生物质固体成型燃料。
NY/T 1879—2010		生物质固体成型燃料采样方法	农业部规划设计研究院	本标准规定了生物质固体成型燃料从生产场、运输车辆和堆料场等所采取生物质固体成型燃料样品所需的工具、原则和方法等。本标准适用于所有生物质固体成型燃料。
NY/T 1880—2010		生物质固体成型燃料样品制备方法	农业部规划设计研究院	本标准规定了生物质固体成型燃料合并样品的缩分方法、以及将实验室样品制备为分析和一般分析样品的方法等。本标准适用于所有生物质固体成型燃料的密度、堆积密度、机械强度、工业分析、灰熔融特性、发热量、元素分析等试验时的样品制备。
NY/T 1881.1—2010		生物质固体成型燃料试验方法 第1部分：通则	农业部规划设计研究院、江苏正昌集团公司、北京盛昌绿能科技有限公司	NY/T 1881的本部分规定了生物质固体成型燃料试验的一般规定和要求。本部分适用于生物质固体成型燃料试验。

标准号	被代替标准号	标准名称	起草单位	范　围
NY/T 1881.2—2010		生物质固体成型燃料试验方法　第 2 部分：全水分	农业部规划设计研究院、江苏正昌集团公司、北京盛昌绿能科技有限公司	NY/T 1881 的本部分规定了生物质固体成型燃料全水分的试验方法。本部分适用于所有生物质固体成型燃料。
NY/T 1881.3—2010		生物质固体成型燃料试验方法　第 3 部分：一般分析样品水分	农业部规划设计研究院、江苏正昌集团公司、北京盛昌绿能科技有限公司	NY/T 1881 的本部分规定了生物质固体成型燃料一般分析样品水分的试验方法。本部分适用于所有生物质固体成型燃料。
NY/T 1881.4—2010		生物质固体成型燃料试验方法　第 4 部分：挥发分	农业部规划设计研究院、江苏正昌集团公司、北京盛昌绿能科技有限公司	NY/T 1881 的本部分规定了生物质固体成型燃料挥发分含量的测定方法。本部分适用于所有生物质固体成型燃料。
NY/T 1881.5—2010		生物质固体成型燃料试验方法　第 5 部分：灰分	农业部规划设计研究院、江苏正昌集团公司、北京盛昌绿能科技有限公司	NY/T 1881 的本部分规定了生物质固体成型燃料灰分含量的测定方法。本部分适用于所有生物质固体成型燃料。
NY/T 1881.6—2010		生物质固体成型燃料试验方法　第 6 部分：堆积密度	农业部规划设计研究院、江苏正昌集团公司、北京盛昌绿能科技有限公司	NY/T 1881 的本部分规定了使用标准容器来测定生物质固体成型燃料堆积密度的方法。本部分适用于所有生物质固体成型燃料。

（续）

标准号	被代替标准号	标准名称	起草单位	范　围
NY/T 1881.7—2010		生物质固体成型燃料试验方法　第 7 部分：密度	农业部规划设计研究院、江苏正昌集团公司、北京盛昌绿能科技有限公司	NY/T 1881 的本部分规定了生物质固体成型燃料密度的试验方法。本部分适用于所有生物质固体成型燃料。
NY/T 1881.8—2010		生物质固体成型燃料试验方法　第 8 部分：机械耐久性	农业部规划设计研究院、江苏正昌集团公司、北京盛昌绿能科技有限公司	NY/T 1881 的本部分规定了使用标准燃料机械耐久性测试器来测定生物质固体成型燃料机械耐久性的要求和方法。本部分适用于所有生物质固体成型燃料。
NY/T 1882—2010		生物质固体成型燃料成型设备技术条件	农业部农村可再生能源重点开放实验室、江苏苏州佰辉生物质能源开发有限公司、南京大学、国能生物发电集团有限公司、哈尔滨工业大学	本标准规定了生物质固体成型设备的分类、要求、检验规则、标志、包装、运输与贮存。本标准适用于以生物质为原料生产成型燃料的成型设备（以下简称成型设备）；螺旋挤压式成型设备参照本标准执行。
NY/T 1883—2010		生物质固体成型燃料成型设备试验方法	农业部规划设计研究所、合肥天焱绿色能源开发有限公司、江苏正昌集团公司、北京盛昌绿能科技有限公司	本标准规定了生物质固体成型设备性能试验的方法。本标准适用于以生物质为原料生产固体成型燃料的成型设备。

标准号	被代替标准号	标准名称	起草单位	范　围
NY/T 1913—2010		农村太阳能光伏室外照明装置　第 1 部分：技术要求	中国农村能源行业协会小型电源专业委员会、中国照明学会新能源照明专业委员会、北京爱友恩太阳能技术研究所、北京良业城市照明节能照明专业公司、乐雷光电技术有限公司、北京日月能光技术有限公司（上海）有限公司、北京桑普光电技术有限公司、河北格林光电技术有限公司、花岗石东贝机电集团太阳能有限公司、扬州开无太阳能照明科技有限公司	本标准规定了农村太阳能光伏室外照明的装置分类、装置部件及技术要求、装置整体要求、试验方法、检验规则以及标志、包装、运输等要求。本标准适用于我国农村乡镇与村庄的道路、庭院、广场等公共场所照明用太阳能光伏室外照明装置。
NY/T 1914—2010		农村太阳能光伏室外照明装置　第 2 部分：安装规范	中国科学院电工研究所、北京照明学会、北京科诺伟业照明科技有限公司、河南桑达能源环保有限公司、北京天能英利新能源科技有限公司、北京能工业有限公司、山东力诺太阳能电力工程公司、北京昌日新能源科技有限公司、北京市天韵太阳能科技发展有限公司、山东圣阳电源实业有限公司	本标准规定了农村太阳能光伏室外照明装置安装时的一般要求、技术准备、照明指标以及安装要求。本标准适用于我国农村乡镇和村庄的道路、庭院、公共场所以及人行道路照明用的太阳能光伏室外照明装置。

标准号	被代替标准号	标准名称	起草单位	范　围
NY/T 1915—2010		生物质固体成型燃料术语	农业部规划设计研究院	本标准规定了生物质固体成型燃料的有关术语、定义和符号。本标准适用于生物质固体成型燃料的管理、教学、研发、生产和应用等领域。

8 无公害食品

标准号	被代替标准号	标准名称	起草单位	范　围
NY 5359—2010		无公害食品　香辛料产地环境条件	农业部食品质量监督检验测试中心（成都）	本标准规定了无公害食品香辛料产地环境条件要求、采样与试验方法判定原则。 本标准适用于无公害食品胡椒、花椒、八角等香辛料产地。
NY 5360—2010		无公害食品　可食花卉产地环境条件	农业部花卉产品质量监督检验测试中心（昆明）、云南省农业科学院质量标准与检测技术研究所、农业部农产品质量监督检验测试中心（昆明）	本标准规定了无公害食品可食花卉的产地环境选择、产地环境保护、环境空气质量、灌溉水质量、土壤环境质量、采样及试验方法等要求。 本标准适用于无公害食品玫瑰花、菊花、茉莉花、槐花、桂花的产地。
NY 5361—2010		无公害食品　淡水养殖产地环境条件	中国水产科学研究院长江水产研究所、农业部农产品质量安全中心	本标准规定了淡水养殖产地选择、养殖水质和底质要求、样品采集、测定方法和结果判定。 本标准适用于无公害农产品（淡水养殖产品）产地环境的检测和评价。

标准号	被代替标准号	标准名称	起草单位	范　围
NY 5362—2010		无公害食品　海水养殖产地环境条件	山东省水产品质量检验中心	本标准规定了海水养殖产地选择、养殖水质要求、养殖底质要求、采样方法、测定方法和判定规则。本标准适用于无公害农产品（海水养殖产品）的产地环境检测与评价。
NY/T 5363—2010		无公害食品　蔬菜生产管理规范	湖北省农业科学院经济作物研究所、湖北省蔬菜办公室	本标准规定了无公害蔬菜生产的产地环境选择、生产管理、生产投入品管理、包装和贮运、质量管理和生产档案管理的基本要求。本标准适用于无公害蔬菜的生产管理。

9 绿色食品

标准号	被代替标准号	标准名称	起草单位	范　围
NY/T 1884—2010		绿色食品　果蔬粉	农业部农产品质量监督检测试中心（昆明）、中国绿色食品发展中心、云南省农业科学院质量标准与检测技术研究所	本标准规定了绿色食品果蔬粉的术语和定义、产品分类、要求、试验方法、检验规则、标签和标志、包装、运输和贮存。本标准适用于绿色食品原料型果蔬粉和即食型果蔬粉；不适用于固体饮料、淀粉类蔬菜粉、调味类蔬菜粉。
NY/T 1885—2010		绿色食品　米酒	农业部农产品质量监督检测试中心（杭州）、浙江省农业科学院农产品质量标准研究所、农业部食品质量监督检验测试中心（武汉）、湖北省孝感市绿色食品管理办公室、湖北黄石珍珠果食品饮料有限公司、浙江工业大学酿酒研究所、湖北孝感麻糖米酒有限责任公司	本标准规定了绿色食品米酒的术语和定义、产品分类、要求、试验方法、检验规则、标志、标签、包装、运输和贮存。本标准适用于各类绿色食品米酒。

标准号	被代替标准号	标准名称	起草单位	范　围
NY/T 1886—2010		绿色食品　复合调味料	农业部食品质量监督检测测试中心（上海）、中国绿色食品发展中心	本标准规定了绿色食品复合调味料的术语和定义、产品分类、要求、试验方法、检验规则、标志、标签、包装、运输和贮存。 本标准适用于绿色食品复合调味料，包括固态复合调味料、液态复合调味料和复合调味酱等产品。
NY/T 1889—2010		绿色食品　烘炒食品	中国科学院沈阳应用生态研究所农产品安全与环境质量检测中心	本标准规定了绿色食品烘炒食品的术语和定义、要求、试验方法、检验规则、标志和标签、包装、运输和贮存。 本标准适用于绿色食品烘炒食品，不包括以花生或芝麻为原料的烘炒食品。
NY/T 1890—2010		绿色食品　蒸制类糕点	农业部谷物及制品质量监督检验测试中心（哈尔滨）	本标准规定了绿色食品蒸制类糕点的术语和定义、分类、要求、试验方法、检验规则、标志、标签、包装、运输和贮存。 本标准适用于绿色食品蒸制类糕点，也适用于绿色食品馒头和花卷。

标准号	被代替标准号	标准名称	起草单位	范　围
				本标准规定了绿色食品干果的要求、试验方法、检验规则、标签和标志、包装、运输和贮存。
NY/T 1041—2010	NY/T 1041—2006	绿色食品　干果	农业部乳品质量监督检验测试中心	本标准适用于以绿色食品水果为原料，经脱水、未经糖渍，添加或不添加食品添加剂而制成的荔枝干、桂圆干、葡萄干、柿饼、干枣、杏干（包括包仁杏干）、香蕉片、无花果干、酸梅（乌梅）干、山楂干、苹果干、菠萝干、芒果干、梅干、桃干、猕猴桃干、草莓干等干果；不适用于经脱水制成的樱桃番茄干等蔬菜干品、经糖渍的水果蜜饯以及粉碎的椰子粉、柑橘粉等水果固体饮料。
NY/T 844—2010	NY/T 844—2004，NY/T 428—2000	绿色食品　温带水果	农业部蔬菜水果质量监督检验测试中心（广州）	本标准规定了绿色食品温带水果的术语和定义、要求、检验规则、标志、包装、运输和贮藏。本标准适用于绿色食品温带水果，包括苹果、梨、桃、山楂、枣、越橘、蓝莓、无花果、树莓、桑葚、猕猴桃、樱桃、葡萄、杏、李、柿、石榴，和除西甜瓜瓜类水果之外的其他温带水果。

标准号	被代替标准号	标准名称	起草单位	范　　围
NY/T 1887—2010		绿色食品　乳清制品	农业部食品质量监督检测测试中心（上海）、中国绿色食品发展中心	本标准规定了绿色食品乳清制品的术语和定义、要求、试验方法、检验规则、标志、标签、包装、运输和贮存。本标准适用于绿色食品乳清制品，包括以乳清为原料制成的乳清粉、乳清蛋白粉等产品；不适用于乳清饮料、乳钙、乳清渗析粉、乳铁蛋白及其他免疫乳蛋白等产品。
NY/T 1892—2010		绿色食品　畜禽饲养防疫准则	中国动物卫生与流行病学中心（农业部动物及动物产品卫生质量监督检验测试中心）、中国绿色食品发展中心	本标准规定了生产绿色食品的畜禽在养殖过程中疫病预防、监测、控制与净化及记录等方面的准则。本标准适用于生产绿色食品的畜禽在养殖过程中的动物防疫。
NY/T 471—2010	NY/T 471—2001	绿色食品　畜禽饲料及饲料添加剂使用准则	中国农业科学院饲料研究所	本标准规定了生产绿色食品畜禽产品允许使用的饲料和饲料添加剂的基本要求、使用原则的基本准则。本标准适用于生产 A 级和 AA 级绿色食品畜禽产品 A 级生产过程中饲料和饲料添加剂的使用。

标准号	被代替标准号	标准名称	起草单位	范 围
NY/T 1891—2010		绿色食品 海洋捕捞水产品生产管理规范	广东海洋大学、国家海产品质量监督检验中心（湛江）	本标准规定了海洋捕捞水产品渔业捕捞许可要求、人员要求、渔船卫生要求、捕捞作业要求、渔获物冷却处理、渔获物冻结操作、渔获物装卸操作、渔获物运输和贮存等。本标准适用于绿色食品海洋捕捞水产品的生产管理。
NY/T 1888—2010		绿色食品 软体动物休闲食品	广东海洋大学、国家海产品质量监督检验中心（湛江）	本标准规定了绿色食品软体动物休闲食品的术语和定义、要求、试验方法、检验规则、标志、标签、包装、运输和贮存。本标准适用于绿色食品软体动物休闲食品，包括头足类休闲食品和贝类休闲食品等产品；本标准不适用于重熏制软体动物休闲食品。

10 转基因（农业部公告）

标准号	被代替标准号	标准名称	起草单位	范围
农业部 1485 号公告—1—2010		转基因植物及其产品成分检测 耐除草剂棉花 MON1445 及其衍生品种定性 PCR 方法	农业部科技发展中心、山东省农业科学院、上海交通大学、中国农业科学院棉花研究所	本标准规定了转基因耐除草剂棉花 MON1445 转化体特异性定性定性 PCR 检测方法。本标准适用于转基因耐除草剂棉花 MON1445 及其衍生品种，以及制品中 MON1445 转化体成分的定性 PCR 检测。
农业部 1485 号公告—2—2010		转基因微生物及其产品成分检测 猪伪狂犬 TK—/gE—/gI—毒株（SA215 株）及其产品定性 PCR 方法	农业部科技发展中心、中国兽医药品监察所、四川农业大学	本标准规定了猪伪狂犬（SA215 株）TK—/gE—/gI—毒株的定性 PCR 检测方法。本标准适用于转基因猪伪狂犬 TK—/gE—/gI—毒株（SA215 株）的检测。
农业部 1485 号公告—3—2010		转基因植物及其产品成分检测 耐除草剂甜菜 H7—1 及其衍生品种定性 PCR方法	农业部科技发展中心、吉林省农业科学院	本标准规定了转基因耐除草剂甜菜 H7—1 转化体特异性定性 PCR 检测方法。本标准适用于转基因耐除草剂甜菜 H7—1 及其衍生品种，以及制品中 H7—1 转化体成分的定性 PCR 检测。

标准号	被代替标准号	标准名称	起草单位	范 围
农业部 1485 号公告—4—2010		转基因植物及其产品成分检测 DNA 提取和纯化	农业部科技发展中心、中国农业科学院生物技术研究所、中国农业科学院植物保护研究所、上海交通大学、中国农业大学	本标准规定了转基因植物及其产品中 DNA 提取和纯化的方法和纯化的方法和技术要求。本标准适用于转基因植物及其产品中 DNA 的提取和纯化。
农业部 1485 号公告—5—2010		转基因植物及其产品成分检测 抗病水稻 M12 及其衍生品种定性 PCR 方法	农业部科技发展中心、中国农业科学院生物技术研究所、中国农业科学院植物保护研究所、安徽省农业科学院水稻研究所	本标准规定了转基因抗病水稻 M12 转化体特异性定性 PCR 检测方法。本标准适用于转基因抗病水稻 M12 及其衍生品种，以及制品中 M12 转化体成分的定性 PCR 检测。
农业部 1485 号公告—6—2010		转基因植物及其产品成分检测 耐除草剂大豆 MON89788 及其衍生品种定性 PCR 方法	农业部科技发展中心、吉林省农业科学院、上海交通大学	本标准规定了转基因耐除草剂大豆 MON89788 转化体特异性定性 PCR 检测方法。本标准适用于转基因耐除草剂大豆 MON89788 及其衍生品种，以及制品中 MON89788 转化体成分的定性 PCR 检测。
农业部 1485 号公告—7—2010		转基因植物及其产品成分检测 耐除草剂大豆 A2704—12 及其衍生品种定性 PCR 方法	农业部科技发展中心、安徽省农业科学院水稻研究所、上海交通大学、中国农业科学院生物技术研究所	本标准规定了转基因耐除草剂大豆 A2704—12 转化体特异性定性 PCR 检测方法。本标准适用于转基因耐除草剂大豆 A2704—12 及其衍生品种，以及制品中 A2704—12 转化体成分的定性 PCR 检测。

标准号	被代替标准号	标准名称	起草单位	范　围
农业部 1485 号公告—8—2010		转基因植物及其产品成分检测　耐除草剂大豆 A5547—127 及其衍生品种定性 PCR 方法	农业部科技发展中心、上海交通大学、安徽省农业科学院水稻研究所	本标准规定了转基因耐除草剂大豆 A5547—127 转化体特异性定性 PCR 检测方法。本标准适用于转基因耐除草剂大豆 A5547—127 及其衍生品种、以及制品中 A5547—127 转化体成分的定性 PCR 检测。
农业部 1485 号公告—9—2010		转基因植物及其产品成分检测　抗虫耐除草剂玉米 59122 及其衍生品种定性 PCR 方法	农业部科技发展中心、中国农业科学院植物保护研究所	本标准规定了转基因抗虫耐除草剂玉米 59122 转化体特异性定性 PCR 方法。本标准适用于转基因抗虫耐除草剂玉米 59122 及其衍生品种、以及制品中 59122 转化体成分的定性 PCR 检测。
农业部 1485 号公告—10—2010		转基因植物及其产品成分检测　耐除草剂棉花 LLcotton25 及其衍生品种定性 PCR 方法	农业部科技发展中心、中国农业科学院植物保护研究所	本标准规定了转基因耐除草剂棉花 LLcotton25 转化体特异性定性 PCR 检测方法。本标准适用于转基因耐除草剂棉花 LLcotton25 及其衍生品种、以及制品中 LLcotton25 转化体成分的定性 PCR 检测。

标准号	被代替标准号	标准名称	起草单位	范　　围
农业部 1485 号公告——11——2010		转基因植物及其产品成分检测　抗虫转 Bt 基因棉花定性 PCR 方法	农业部科技发展中心、山东省农业科学院、南京农业大学、中国农业科学院棉花研究所	本标准规定了抗虫转 Bt 基因棉花的定性 PCR 检测方法。本标准适用于抗虫转 Bt 基因棉花及其产品中 cry1Ac 基因或 cry1Ab 基因或 cry1Ab/cry1Ac 融合基因的定性 PCR 检测。
农业部 1485 号公告——12——2010		转基因植物及其产品成分检测　耐除草剂棉花 MON88913 及其衍生品种定性 PCR 方法	农业部科技发展中心、山东省农业科学院、中国农业科学院棉花研究所	本标准规定了转基因耐除草剂棉花 MON88913 转化体特异性定性 PCR 检测方法。本标准适用于转基因耐除草剂棉花 MON88913 及其衍生品种，以及制品中 MON88913 转化体成分的定性 PCR 检测。
农业部 1485 号公告——13——2010		转基因植物及其产品成分检测　抗虫棉花 MON15985 及其衍生品种定性 PCR 方法	农业部科技发展中心、上海交通大学	本标准规定了转基因抗虫棉花 MON15985 转化体特异性定性 PCR 检测方法。本标准适用于转基因抗虫棉花 MON15985 及其衍生品种，以及制品中 MON15985 转化体成分的定性 PCR 检测。

标准号	被代替标准号	标准名称	起草单位	范　围
农业部 1485 号公告—14—2010		转基因植物及其产品成分检测　抗虫转 Bt 基因棉花外源蛋白表达量检测技术规范	农业部科技发展中心、中国农业科学院棉花研究所	本标准规定了田间条件下抗虫转 Bt 基因棉花不同生育期组织和器官中外源 Bt 杀虫蛋白表达的 ELISA 定量检测技术规范。本标准适用于田间条件下抗虫转 Bt 基因棉花不同生育期组织和器官中外源 Bt 杀虫蛋白表达的 ELISA 定量检测。
农业部 1485 号公告—15—2010		转基因植物及其产品成分检测　抗虫耐除草剂玉米 MON88017 及其衍生品种定性 PCR 方法	农业部科技发展中心、中国农业科学院油料作物研究所	本标准规定了抗虫耐除草剂玉米 MON88017 转化体特异性定性 PCR 检测方法。本标准适用于抗虫耐除草剂玉米 MON88017 及其衍生品种、以及制品中 MON88017 转化体成分的定性 PCR 检测。
农业部 1485 号公告—16—2010		转基因植物及其产品成分检测　抗虫玉米 MIR604 及其衍生品种定性 PCR 方法	农业部科技发展中心、中国农业科学院油料作物研究所	本标准规定了转基因抗虫玉米 MIR604 转化体特异性定性 PCR 检测方法。本标准适用于转基因抗虫玉米 MIR604 及其衍生品种、以及制品中 MIR604 转化体成分的定性 PCR 检测。

标准号	被代替标准号	标准名称	起草单位	范　围
农业部 1485 号公告——17—2010		转基因生物及其产品食用安全检测 外源基因异源表达蛋白质等同性分析导则	农业部科技发展中心、中国农业大学	本标准规定了同一个基因在不同转基因生物中表达的蛋白质的等同性分析导则。本标准适用于分析比较同一个基因在不同转基因生物中表达的蛋白质的等同性。
农业部 1485 号公告——18—2010		转基因生物及其产品食用安全检测 外源蛋白质过敏性生物信息学分析方法	农业部科技发展中心、中国农业大学	本标准规定了利用生物信息学工具对外源蛋白质进行过敏性分析的方法。本标准适用于利用生物信息学工具对转基因生物及其产品中外源蛋白质进行过敏性分析。
农业部 1485 号公告——19—2010		转基因植物及其产品成分检测 基体标准物质候选物鉴定方法	农业部科技发展中心、上海交通大学、吉林省农业科学院、中国计量科学研究院、中国农业科学院油料作物研究所、上海生命科学院植物生理生态研究所	本标准规定了转基因植物及其产品成分检测基体标准物质候选物鉴定的程序和方法。本标准适用于转基因植物及其产品成分检测基体标准物质候选物的筛选和鉴定。

11 农业工程

标准号	被代替标准号	标准名称	起草单位	范　　围
NY/T 1936—2010		连栋温室采光性能测试方法	农业部规划设计研究院、中国农业大学	本标准规定了温室采光性能测试的性能参数、测量仪器、测试方法和测试报告。本标准适用于连栋温室的测试；日光温室、单跨塑料大棚等其他园艺设施的采光性能测试可参照执行。
NY/T 1937—2010		温室湿帘 风机系统降温性能测试方法	农业部规划设计研究院	本标准规定了温室湿帘—风机系统降温性能参数、测试的一般条件和测量工况选择、测试方法及记录内容。本标准适用于温室所配装备的负压通风的湿帘—风机系统降温性能的测定。
NY/T 1966—2010		温室覆盖材料安装与验收规范 塑料薄膜	农业部规划设计研究院	本标准规定了温室塑料薄膜安装前的准备、安装技术要求、验收程序与方法以及工程质量验收应提交的技术文件。本标准适用于以塑料薄膜、以卡槽—卡簧和卡槽—压条方式固定薄膜的新建和改扩建温室。日光温室和塑料棚安装和更换可参照执行。

标准号	被代替标准号	标准名称	起草单位	范　围
NY/T 1967—2010		纸质湿帘性能测试方法	农业部规划设计研究院、江阴市顺成空气处理设备有限公司	本标准规定了纸质湿帘的性能参数及其测试方法。 本标准适用于纸质湿帘的性能测试。

12 职业技能鉴定

标准号	被代替标准号	标准名称	起草单位	范　　围
NY/T 1907—2010		推土（铲运）机驾驶员	农业部农机行业职业技能鉴定指导站	本标准规定了推土（铲运）机驾驶员职业的术语和定义、职业概况、基本要求、工作要求、比重表。本标准适用于推土（铲运）机驾驶员的职业技能培训鉴定。
NY/T 1908—2010		农机焊工	农业部农机行业职业技能鉴定指导站	本标准规定了农机焊工职业的术语和定义、职业概况、基本要求、工作要求、比重表。本标准适用于农机焊工的职业技能培训鉴定。
NY/T 1909—2010		农机专业合作社经理人	农业部农机行业职业技能鉴定指导站	本标准规定了农机专业合作社经理人职业的术语和定义、职业概况、基本要求、工作要求、比重表。本标准适用于农机专业合作社经理人的职业技能培训鉴定。
NY/T 1910—2010		农机维修电工	农业部农机行业职业技能鉴定指导站	本标准规定了农机维修电工职业的术语和定义、职业的基本要求、工作要求。本标准适用于农机维修电工的职业技能鉴定。

（续）

标准号	被代替标准号	标准名称	起草单位	范　围
NY/T 1911—2010		绿化工	农业部人力资源开发中心	本标准规定了绿化工职业的术语和定义、职业的基本要求、工作要求。本标准适用于绿化工的职业技能鉴定。
NY/T 1912—2010		沼气物管员	农业部农村能源行业职业技能鉴定指导站	本标准规定了沼气物管员职业的术语和定义、职业的基本要求、工作要求。本标准适用于沼气物管员的职业技能培训鉴定。

图书在版编目（CIP）数据

农业国家与行业标准概要.2010/农业部农产品质
量安全监管局，农业部科技发展中心编.—北京：中国
农业出版社，2011.11
ISBN 978-7-109-16228-0

Ⅰ.①农… Ⅱ.①农…②农… Ⅲ.①农业—国家标
准—中国—2010②农业—行业标准—中国—2010 Ⅳ.
①S-65

中国版本图书馆 CIP 数据核字（2011）第 222615 号

中国农业出版社出版
（北京市朝阳区农展馆北路 2 号）
（邮政编码 100125）
责任编辑 舒 薇

中国农业出版社印刷厂印刷 新华书店北京发行所发行
2011 年 12 月第 1 版 2011 年 12 月北京第 1 次印刷

开本：889mm×1194mm 1/16 印张：6.75
字数：160 千字 印数：1～1 600 册
定价：30.00 元
（凡本版图书出现印刷、装订错误，请向出版社发行部调换）